デンソーにおける人づくり、価値づくり、物づくり

21世紀の新たな日本流ものづくり

今枝 誠・古畑慶次 [著]

日科技連

推薦のことば

　世界は今、激動・激変の真っただ中にある。世界の中の日本もまた、新しい存在感の創成に向かって、変化は不可避である。冬を耐えれば春が来るとはいえ、今までの覇者がこれからもそうである保証はどこにもない。今こそ、これからの日本、産業界、会社そして己自身の幸せのために、急ぎ変えてゆくもの、より磨きこむもの、そしてしっかりと守るものを整理し、即、動き始めねばならない時である。

　筆者自身、著者である今枝誠氏の入社当時からの活躍ぶりをよく知っている一人と自覚している。
　入社当時、今枝氏は同期入社同士での会話では積極的に発言し、議論をリードし、夢とロマンに向かって実にエネルギッシュであった。そして、本社の生産技術研究開発部門に配属され、世界一、世界初を目指した新コンセプトの生産ラインを提言・開発し、各種の受賞にも輝いた。その後、新成長事業分野に異動し、欧米のライバル企業と伍しての事業計画を担当・推進した。
　また、順風満帆の会社生活の中、自身の家庭や健康の問題は、小耳にははさんでいたものの、本書の中でその全容を詳細に知った次第である。かかる自分史の中で今枝氏が必死の思いで摑んだ「人づくり、価値づくり、物づくり」の論説は、聞くものに強く、深く響くものである。

　デンソーの一つの特長は、「人を基本とする経営」にある。この考えから、様々な発想と計画が導き出され、今日のデンソーに人材育成、教育・研修の体系を構築してきている。グローバル時代への対応や、日進月歩の技術領域の習得に対しても、絶えざる情熱で進化、深化させ、デンソーのさらなる発展の基盤を突き固めている。
　他方、変わらぬ「デンソーらしさ」は当社の強さの根源である。社員がいか

に入れ替わろうとも、「社是」とともに「デンソースピリット」を正しく伝承させ、かつ、グローバルにも浸透させていく努力を持続している。

　会社の諸活動はどの会社でもそれなりに行っており、項目としてやっていない活動はないといえる。ただ結果として、そのできばえや市場・お客様からの評価の差を生むのは、個々の従業員の能力と、職場の総智・総力の結集度、その職場での当たり前のレベルの高さなどである。これら企業風土を尽きずたたき固めてゆく情熱と努力、奮闘が、本書の中に凝集されている。

　会社生活の最終章で、次世代を担うキーパーソンの育成・技術者魂の醸成を担当し、深堀された今枝氏の努力に深く敬意を表するとともに、本書の出版を心から歓迎する次第である。

　一人でも多くの企業の経営者、管理者、リーダーたる人々に本書を読んでいただき、グローバル時代の中で明日を勝ち抜くためのヒントを見つけ出していただくことを期待し、推薦のことばとする。

2013年9月吉日

株式会社デンソー
相談役　深　谷　紘　一

まえがき

　日本は、今、大きな変換点にさしかかっています。戦後の復興、経済成長により日本は世界でも有数の先進国となりました。しかし、その一方で、少子高齢化や人口減少、急速な経済のグローバル化が進み、これまでにない難局に直面しています。さらに、次世代に向けた持続可能な社会への転換は、もはや待ったなしの状態と言っても過言ではありません。

　こうした時代変化に伴い、企業や個人に求められる役割も大きく変化しつつあります。ところが、多くの人は「変わらなければいけない」あるいは「変わろう」と思っていても、最初の一歩をどう踏み出したらよいか釈然としないのが現実ではないでしょうか。

　筆者である今枝は、高度成長から 2012 年まで、グローバル企業であるデンソーで、ものづくりに従事してきました。世界初製品である ABS-F システムや PAB システム、世界一製品である A1 リレーの合理化ラインを開発し、その後は、デンソーグループの教育機関であるデンソー技研センターにて、研修「デンソーの歴史に学ぶ技術者スピリット」「事業／商品開発の基礎」の講義を担当し、次世代の技術者育成に専念してきました。

　共著者である古畑は、現在、デンソー技研センターにてソフトウェア開発における高度技術者育成を担当しています。研修所では先進的なトップガン研修を構築し、開発現場ではコンサルティングによる技術指導、プロセス改善指導により課題解決型リーダーの育成を実践しており、その技術開発、人材育成の成果は国内外で高い評価を受けています。

　筆者らが目指したのは、実績に裏打ちされたものづくりの本質であり、その本質を追求する姿勢です。変化の早い混迷する時代だからこそ、ものごとの原点に立ち返って、その本質について問いかけてみることに価値があります。今の時代を生きぬく術（すべ）は何なのか、筆者らは、それぞれが日本のものづくりの再興を願い、「ものづくり」の本質に対する問いかけを繰り返すことで本

書をまとめました。

　本書は、第1章から第3章は古畑が執筆しました。彼の現場の改善指導における理念、考え方に基づいて、時代感覚を持った高い視点から日本のものづくりを振り返り、日本流ものづくりの原動力とその課題、そして、ものづくり復権のための必要条件についてまとめています。

　第4章から第8章までは、今枝が執筆しました。筆者自身の製品開発の成功・失敗体験から得られた「ものづくり」に対する本質と考え方を体系化し、人づくり、価値づくり、物づくりの観点から事例を交えまとめました。筆者が担当した実際のものづくり研修の実際についても紹介しています。

　ものづくりに日々努力されている方々に、本書が少しでも参考となり、混迷する時代に発展、成長への一歩を踏み出す勇気やヒントとなれば、筆者としてはうれしい限りです。

　最後になりましたが、株式会社デンソーの深谷紘一相談役には過分の序を賜りました。ここに記して感謝の意を表します。合わせて、デンソーへの入社以来、大変お世話になった数々の大先輩の方々、そして同僚、後輩、関係各位のすべての方々に深く御礼申し上げます。

　また、出版に関しまして、いろいろと献身的にお世話いただきました、日科技連出版社の方々、特に塩田峰久取締役、石田新様には、並々ならぬご援助を賜りました。重ねて厚く御礼申し上げる次第です。

2013年9月

著者を代表して　今　枝　　　誠

目　次

推薦のことば……………………………………………………深谷紘一…iii
まえがき………………………………………………………………………v

第1章　時代の大きな変化………………………………………………1
　1.1　リーマンショック後の日本　2
　1.2　成長に必要な"前提"　3
　1.3　鉄道の時代　4
　1.4　大航海の時代　8
　1.5　これからのものづくり　12

第2章　日本流ものづくりの原動力……………………………………15
　2.1　日本流ものづくりの原点　16
　2.2　日本を支えた現場力　22
　2.3　日本企業の強み　31

第3章　日本のものづくりの課題………………………………………33
　3.1　前提条件の変化　34
　3.2　ものづくりの課題　36
　3.3　これからのものづくり　42
　3.4　キーパーソンとして必要とされる能力　50
　3.5　自分軸の設定と実践のステップ　52

第4章　人づくり…………………………………………………………55
　4.1　「自分づくり」——自分史　56
　4.2　「人づくり」における自分軸の設定と実践　65

第5章　価値づくり ……………………………………………… 77
5.1　世界初製品の開発①　——ABS-Fシステム　78
5.2　世界初製品の開発②　——PABシステム　84
5.3　価値づくりにおける自分軸の設定と実践のステップ　91

第6章　物づくり ………………………………………………… 103
6.1　多種中少量リレーの合理化——世界一A1リレー製品　104
6.2　物づくりにおける自分軸の設定と実践のステップ　115

第7章　デンソーにおけるものづくり研修の実際
　　　——人づくり、価値づくり、物づくり ……………… 123
7.1　技術者育成の概要　124
7.2　人づくり研修　「デンソーの歴史に学ぶ技術者スピリット」　129
7.3　価値づくり研修　141
7.4　物づくり研修　159

第8章　次世代への提言
　　　——21世紀の新たな日本流ものづくり ……………… 165
8.1　ものづくりにおける自分軸のステップのまとめ　166
8.2　21世紀のものづくり実践ステップの提案——持続可能な成功のステップ　172
8.3　日本流と欧米流の比較　177
8.4　新たな日本流ものづくりの取組み——正しさを追究した動機・目的の"見える化"と手段・内容の"筋道化"　180
8.5　おわりに　184

引用・参考文献 …………………………………………………… 185
索　引 ……………………………………………………………… 187

第1章

時代の大きな変化

1.1 リーマンショック後の日本

最近、「ものづくり」という言葉をよく聞くようになった。今、日本のものづくりは最大の危機である、と言われる一方で、日本のものづくりはいまだに強い、と楽観的にものづくりの将来を予測するシンクタンクもある。これほど「ものづくり」という言葉が使われるのは、多くの人が「ものづくり」の現状を憂えている証拠である。輝かしい高度成長を果たし、まさに世界のものづくりの勝者となった日本。しかし、ここ20年あまり、さまざまな原因でつまずき、世界での存在感が急速に薄れている。そして今、ここまで「ものづくり」が注目を浴びるのは、日本の復活には「ものづくり」の再生、再興が欠かせないという大きな期待が、われわれ日本人の心の中にあるからである。

2008年の金融危機後の日本経済は、確かに厳しい状況にある。名目GDPを見ると、2007年度には513.0兆円であったが、リーマンショックや世界同時不況の影響から下がり続け、2008年度には489.5兆円、2009年度は473.9兆円、2010年度は少し持ち直したものの、2011年3月の東日本大震災の影響により、日本経済を取り巻く環境は一段と悪化した。しかし、実際には、東日本大震災の起こる前の2010年10-12月期から、名目GDPは下がり続けていたのである。デフレスパイラルに陥った日本が、あがいても、あがいてもうまく経済が再生できない中で、追い打ちをかけられた格好となったのである。まさに、天から与えられた大きな試練である。

そればかりではない。現在の国内の経営環境は、ものづくりの企業にとって最低、最悪の状況である。「円高」「法人税負担」「環境規制」「電力不足」「労働法制」「通商政策の出遅れ」という、「六重苦」が巷を騒がせ、企業の大きな足かせとなっている。特にグローバルで戦う企業にとっては、この六重苦だけで、海外メーカーに対して大きなハンデを負っていることになる。この六重苦は、確かに歴史的経緯による要因もあるが、東日本大震災やそれに伴う原発問題で助長された感もある。

1.2　成長に必要な"前提"

　このように、日本企業を取り巻く経営環境は変化し、厳しい状況である。さまざまな問題が複雑に絡み合い、明らかに企業の成長を阻んでいる。しかし、今世間で騒がれている日本の状況を逐一取り上げて現実に失望し、その責任を誰かに求めてばかりいても、日本の製造業の将来を暗くするだけである。

　多くのメディアがさまざまな状況を取り上げ、現状の厳しさを嘆いている。そして、それが日本の多くの人々に悲観的な気分を植えつけてしまっている。気分が暗くなれば、身近にどんなにいい技術や発想、アイデアがあっても、それに気づくことはない。たとえ、うまくいきそうなことがあっても、希望をもてない思考が頭の中に存在している限り、気力を奪うだけである。「日本の将来は真っ暗だ」「日本のものづくりには明日がない」「いくら日本でやってもダメだ」などと思っていては、国際競争のスタートラインに立つ前から敗北を宣言しているようなものである。非常に厳しい現実に直面していることは事実だが、大切なことは、輝かしい過去を否定することでも、現状を嘆くことでもない。

　日本のものづくりが発展、成長するためには、過去に対する後悔や悲観的な未来予測は必要ない。なぜなら、こうした後悔や未来予測は、今この瞬間、そして今後も、これまでと同じことを同じ考え方で進めていくという仮定のうえに成り立っているからである。すなわち、環境や経営条件の変化に対して、自らを「変えない」という前提で未来を予測しているのである。将来に前向きに立ち向かう覚悟があれば、こうした前提に立って、過去と未来の成長や発展を否定し、過去を後悔することに、何の意味もないことは明らかである。

　今、日本に必要なのは、これまでの成功体験を前提に、新たな価値観を創出することである。これができなければ、日本の企業が21世紀に生き残ることは極めて難しい。「変えない」「変わらない」「今のまま」を選択することは、近い将来の「死」を意味する。特に、2011年3月11日の東日本大震災は、「変

わらなければ痛い目に遭うから注意しろ」と、警告しているようにも感じられる。過去を否定する必要などなく、これまでのすべてを自らの真の姿として受容し、成長の過程と理解することが重要である。そして、将来の発展のために、今この瞬間に何をすべきかを考え、迅速かつ確実に実行していくことが求められているのである。

現状を俯瞰し、冷静に過去を振り返り、過去と現実から学ぶことができれば、明るい未来への道を切り開くことができる。これが新たな前提である。これまでわれわれは、高度成長時代に確立した方法を踏襲し、ひたすらそれを推し進めてこなかっただろうか。抜本的な考え方を見直さず、小さな範囲だけの改善に満足していなかっただろうか。このやり方で進めれば必ずうまくいくと、経験を根拠とする精神論ですべてのことを判断していなかっただろうか。もっと大局的で合理的な方法があるにもかかわらず、自助努力から目を背け、現場のガンバリズムに期待していなかっただろうか。今、経営者の間では、こうした反省に基づいて今後の企業の舵の取り方が議論されている。これは、経営者だけではなく、われわれ一人ひとりに突きつけられた課題だといってもよい。今を乗り切り、21世紀を成長の世紀にするためには、悲観的な前提は取り払い、現在と過去の事実から学ぶことが重要である。何を変えずに、何を変えなければならないか、そして、それはなぜか、成長のための新たな考え方が必要である。

1.3 鉄道の時代

今、日本は大きな分岐点、変化点を迎えている。社会環境が激変する中、時代はこれまでとは明らかに異なる世界をわれわれに提示し始めた。表1.1に、いくつかの観点から時代の変化をまとめてみた[1]。この表では、変化点を2000年前後として、それより前を「これまでの時代」、2000年以降を「これからの時代」としている。

これまでの時代を一言で表すなら、「鉄道の時代」である。広い荒野に鉄道

表 1.1　時代の変化

	これまでの時代 （鉄道の時代）	これからの時代 （新たな大航海の時代）
社会	高度成長→低成長	成熟社会
マーケット	つくれば売れる	売れるものをつくる
製品	利便性の追求	価値の創造
ものづくり	How	What、Why

を敷き、移動の中心を鉄道が担う時代、すなわち、先がある程度見通せて予測がついた時代である。

　鉄道を敷く場合、レールを敷く場所の調査から始まり、レールを敷く経路と駅の設置場所さえ決めれば、あとは計画的に作業を進めることができる。確立した技術を活用し、地図と設計図に基づいてレールを敷き、駅を建てれば鉄道網は完成する。そして、そのレールの上に車両を走らせれば、移動手段として鉄道が利用できる。鉄道を使った移動では、目的地の駅を決め、出発する駅から時刻表を参考に鉄道を乗り継いでいけば、ほぼ間違いなく目的地の駅へ到着できる。

　つまり、鉄道の時代とは、ある程度行動の結果が予測でき、既存のルール、方法に従って実行すれば、おおむね期待する結果が得られる時代といってよい。不確定要素が少なく、地道に作業をこなしていけば結果は出るし、目標は達成できる。そんな時代を表現している。

(1) つくれば売れる時代

　日本のものづくりにおいても、2000年までは鉄道の時代といってよい。

　第二次世界大戦が終結した1945年から、「もはや戦後ではない」といわれた1956年までの復興期。太平洋戦争で焼け野原と化した日本であったが、猛烈な復興が国内需要を喚起し、日本のものづくりを支えた。ホンダやソニーが産声を上げたのも、この時期である。

　そして、国内の需要が落ち着き、経済が停滞してきた1950年に朝鮮戦争が

勃発し、朝鮮特需により高度成長の階段を上り始め、経済成長はほぼ20年続いた。その後、2度のオイルショックはあったものの、市場を国内から海外へ転換することで世界の需要を取り込んできた。特にアメリカの巨大市場に支えられ、バブル経済を迎えるまで日本のものづくりは確実に成長し続けた。1991年にバブルが崩壊し、国内では低成長しか望めなくなったが、世界のマーケット、特に新興国の成長に支えられて、日本のものづくりは何とか生き延びてきたのである。

このように、戦後の日本企業の前には、常に参入可能な市場という広大な荒野が広がり、その荒野で、先駆者である欧米企業を目標にものづくりのレールを着実に敷いてきた。さらに、そのレールの上を走らせる鉄道の運用においては、日本人の勤勉な国民性と高い教育水準が功を奏し、極めて頑強で高い精度のシステムをつくり上げることができた。このシステムは世界で群を抜いており、国際競争において日本は非常に有利な立場に立った。これが、2000年までを「鉄道の時代」と位置づけるゆえんである。もちろん、戦後の復興と発展は、並々ならぬ企業努力の賜であることは間違いないが、その努力に報いる市場と目標が存在していたという幸運があったことも事実である。

第二次大戦後から2000年までを総括すると、日本のものづくりには常に大きな需要、マーケットが存在し、そのニーズに対応してものづくりを行うことで、確実に成功できる時代であったといえる。巨大マーケットに対して製品を供給できる国は世界でも限られており、当時の世界の状況を考えると、日本がキープレーヤーであったことは間違いない。当初、日本企業は新興国としてコストの優位性に活路を求めたが、その後、独自の品質技術で世界を圧倒し、日本製品が世界を席巻した。安定的に成長し続ける国内外のマーケット、現場で培った高い品質技術、コスト競争力を背景に、Made in Japan は世界で確固たる地位を築き上げた。戦後から2000年までは、まさに日本にとっては「つくれば売れる時代」であったのである。

(2) 成長期のものづくり

　常にマーケットがものづくりを牽引した時代、日本のものづくりには欧米企業というお手本があった。この発展形態は明治時代に端を発する。明治維新の殖産興業、これはまさに、欧米のシステムを取り込む施策であった。当時、明らかに目標としていたのは欧米そのものであり、明確なゴールが存在していた。同様に、敗戦後もエネルギーを確保し、鉄鋼増産を掲げて経済の基盤を作り、欧米を目標として、ものづくり立国を目指した国家レベルの施策が功を奏した。「鉄は国家なり」をスローガンに、通商産業省が経済政策を後押しし、日本経済の再生に重要な役割を果たしたのである。そして、高度成長期には旺盛な国内消費がものづくりを支え、流通や文化産業が工業製品を先導した。これが日本の成長のメカニズムである。

　高度成長期は、まさにつくれば売れる時代であり、この成長期には常にお手本があった。日本国民が一致団結し、ひたすら努力できたのは、欧米諸国や欧米企業という目指すべき姿が明確な目標としてあったからである。何をつくればよいかは、欧米諸国が示してくれた時代であった。また、どういう状態を目指せばよいかも、当時の先進国を見れば把握できた。電機メーカーでいえばGEやフィリップス、自動車メーカーではGMやフォードが目標として掲げられ、その模倣からものづくりが始まった。欧米で誕生し、世界に広く行き渡っている製品をいかに自前でつくるかが当時の課題であったが、さらに日本人が使いやすいように製品を改良し、製造現場でのつくり方や生産技術を改善し、多くの画期的な製品をつくり出していった。明確な目標、ゴールが存在した時代、従来からの基本機能は変えず、コストと使いやすさを追求した製品が、日本のものづくりの中心であった。

　例えば、ホンダ、ソニー、トヨタは日本を代表する日本企業であるが、この時期に成長、発展の機会を摑み、今なお先進的な製品を生み出すことが期待されている。ホンダが開発した補助エンジン付き自転車に「バタバタ」があるが、これは、本田宗一郎氏のアイデアの結集である。そのエンジン音から通称「バタバタ」と呼ばれたが、これが爆発的にヒットした。庶民の生活を考えた工業

製品だったからである。また、戦後、ソニーはトランジスタラジオやトランジスタテレビを世界に先駆けて開発している。トランジスタの技術自体はアメリカで生まれたが、この技術に目をつけ、技術に改良を加えることで大量生産を可能にし、新しい製品を生み出したのである。トヨタでは、この時代に世界の工場を大きく変える製造システムである、トヨタ生産方式が生まれている。大野耐一氏によって確立されたこのものづくりの思想は、日本の自動車産業を世界レベルまで引き上げた。

このように、高度成長期は、生活の豊かさを求めて欧米の製品や既存技術を積極的に取り入れ、日本人にとって利便性の高い製品をつくることが至上命題であった。つまり、欧米の製品や技術を活用して、製品をいかにつくるかが、市場での優位性を確保する唯一の方法であったのである。

特に戦後の日本には、こうした製品づくりや大量生産技術の導入に適した条件が整っていた。勤勉で他者を尊重する真面目な国民性、手先が器用で教育水準が高い豊富な労働力のほかに、製品開発や量産技術の導入を阻害する既得権益が当時は存在しなかったことも、好条件の一つであった。また、アメリカという明確な模倣すべき目標があったことなども、大きく影響している。そして、品質管理の技術を手に入れ、日本製品は世界的な地位を確立していく。社会学者であるエズラ・ヴォーゲルの著書『ジャパン・アズ・ナンバーワン』が一世を風靡したのは1979年のことだが、その後、バブル崩壊から低成長期に転換するまで、この成長期の強みを武器に、日本のものづくりは一つの時代を築いていったのである。

1.4　大航海の時代

2000年以降、日本を取り巻く状況は一変した。グローバル競争が本格化し、BRICS、VISTA諸国が国際競争の舞台に躍り出てきた。アメリカは国としての新たな方向性を打ち出し、欧州は欧州共同体をベースにユーロによる市場統合を果たし、欧州連合へと舵を切った。日本にとってフロントランナーであっ

た欧米諸国は新たな道を模索し始め、新興国は日本と肩を並べだした。さらに国内では、六重苦をはじめ、憂慮すべき事態が続く。

　これまでの延長線上に、果たして日本のものづくりの明るい未来はあるのだろうか。確実にいえることは、今までどおりのやり方では、日本のものづくりは苦境から脱却できないという現実である。この現実を乗り越え、新しい時代を切り拓いて行くためには、これまでの成功体験を捨てること、すなわち、ゼロベースでものづくりを考える必要がある。戦後、荒廃の中から日本の復興を目指して多くの企業が産声を上げたが、重要なのは、当時の創業者精神を取り戻すことである。時代に合った価値観でものづくりを実践し、次の世代に引き継いでいくことが、今われわれに求められているのである。

　こうして考えてみると、2000年以降はまさに新たな大航海の時代といえる。鉄道の時代と異なり、大航海の時代は、自分の経験から得た知見や成功体験から将来を予測することはできない。目の前に広がる大海は、誰も踏み込んだことのない前人未踏の領域である。したがって、うまくいくためのルールや目標を明確にして、こうすればこうなるという結果が見込める鉄道の時代とは大きく異なる。いくら用意周到に準備しようとも、従来の価値観のままで今後もうまくいくとは限らない。これまでの成功体験とは訣別し、新たな目標を自らが設定し、挑戦していかなければ、生き残ることができない時代である。

　歴史上の大航海時代は、15世紀中頃から17世紀中頃までとされ、ヨーロッパ人がインド・アジア大陸、アメリカ大陸へ進出した時代を指す。資源豊かな交易ルートを開拓するために、ポルトガル人はアフリカ西海岸沿岸を航海するという新たな挑戦を始めた。ヴァスコ・ダ・ガマは喜望峰に一気に到達し、アフリカ南端を回ってモザンビーク海峡に至り、イスラム商人からインドへの航路に関する情報を収集した。こうした新天地への果敢な挑戦が、その後のヨーロッパの発展を支える一因となったのである。この時代のヨーロッパ人のように、未知なる領域へ一歩踏み出し、世界を見据えて積極的に自己変革していくことが、次世代を生き抜く日本のものづくりには必要不可欠である。

　2000年からの環境変化は、それまでの日本のものづくりの成長を支えてい

たいくつかの前提を覆している。まずマーケットを見てみると、国内の市場は飽和し、今後の工業製品の需要は現状では見込めなくなっている。これまで日本が得意としていたマーケットは、主に欧米の先進国であるが、最大の得意先であった北米は、リーマンショック以降経済が停滞し、急速に需要が減速した。そして、欧州市場においても、ギリシャ問題を発端に市場は不安定となっており、ヨーロッパ経済の脆弱性は否めず、市場は失速している。世界の大きな市場は、これまで日本企業が得意としていた先進国から、中国を始めとする新興国にシフトし始めたのである。さらに、日本企業は技術、規模ともに欧米と肩を並べるレベルまで成長した。高度成長時代に目標としていた欧米企業は、もはや目指すべきモデルではなく、競合相手と化した手強いライバルである。したがって、日本企業が今後成長を続けていくためには、欧米企業とは異なる独自の成長路線が求められる。

このような状況下で、強力な競争相手として台頭してきたのが、新興国である。さまざまな領域で、日本企業は新たなライバルとなった新興国の企業との熾烈な競争にさらされている。液晶テレビの市場争奪戦は、その競争の凄まじさをよく表している。現時点(2012年)での世界の売上げランキング上位2社は韓国のサムスン電子、LG電子であり、これまで上位を独占していた日本のメーカーは3位以下へと後退した。また、ベスト10の中に中国メーカーが3社も入っていることを見逃すことはできない。かつてカラーテレビや薄型テレビは、日本メーカーのお家芸であり、世界の市場を独占してきたが、現在、薄型テレビは採算を合わせるのが精一杯の状況となっている。薄型テレビの例は、まさにこれまでの成長モデルから抜け出せなかった日本のものづくりへの警鐘といえるであろう。

さらに日本は、本格的な人口減少社会に突入した。これは同時に、労働力人口の減少を意味する。現在、日本は出生率が低く、今後、人口の増加は望めない。総人口の減少が始まったのは2005年からであるが、これを年齢別に見ると、15歳から64歳までの生産年齢人口は、1996年からすでに減少に転じている。総人口の減少もさることながら、高齢化を反映して全人口に占める生産年

齢人口の比率が低下しており、日本は典型的な高齢化社会、成熟社会へとシフトしている。

　労働人口が減少していく以上、国内でのものづくりを維持していくためには、当然、生産性の向上は必須である。また、問題は生産性ばかりではない。戦後の成長期には機能した多くの制度は、再設計が余儀なくされる。昨今、年金問題がクローズアップされているが、すべての制度、ルールは人口増加を前提に設計されているため、人口減少社会では、間違いなく機能しなくなる。すべての制度、ルールの再構築が求められているのである。

　以上のように、今の日本のものづくりを取り巻く環境は、これまでとは一変している。まさに、新たな大航海の時代の始まりである。従来の成功体験や考え方は本当に通用するのかどうか、疑う必要が出てきている。製品戦略、人事システム、社内ルールなど、これまで構築してきたものすべてが通用するかどうかわからない。マーケットは全世界に広がり、先進国ばかりでなく、新興国の企業も新たな競争相手となった。いまだ国内ではさまざまな問題を抱え、世界経済は常に不安定である。こうした不確定要素の多い時代には、ものづくりに影響するすべての因子に目を配り、これまでの方法で本当に大丈夫なのか、何を変えなければいけないのかを素早く判断し、その判断に基づいて迅速に行動しなければ、時代に取り残されてしまう。

　前節で、これまでの時代を「つくれば売れる時代」と定義したが、これからは、変化に対応したものづくりをしなければ生き残れない「売れるものをつくる時代」である。つまり、マーケットを考慮せずにつくることだけに執着しても、在庫の山となるのが関の山である。売れるものは何か、そして、売れるものをどうやってつくればよいのか、新たな価値を自らが創造し、ものづくりを通してそれを実現していかなければ明日はない。明確な目標や成功のモデルは、新たな大航海時代には存在しない。決断と実践のスピードを上げ、軌道修正を繰り返す自律的な成長が、今の日本のものづくりに求められているのである。

1.5 これからのものづくり

　それでは、新たな大航海の時代のものづくりには何が求められており、売れるものをつくるにはどうしたらよいのであろうか。これが日本メーカーの最重要課題であり、最大の関心事である。先の見えない時代だからこそ、ものづくりに明確な指針が必要となってくる。

　売れるものをつくるためには、利便性だけを追求していては限界がある。日本が成し遂げた高度成長は世界中で研究され、現在では、中国やアジア諸国が日本よりさらに速いスピードで経済成長を達成している。かつての日本がそうであったように、利便性の追求中心のものづくりやコスト競争では、成長著しい新興国のスピードにはかなわない。また、これから世界のマーケットの中心となる東南アジア諸国では、日本人が日本国内で開発した製品を受け入れるとは考えにくい。経済はグローバル化し、国内人口が減少していく日本では、これまでと同じ発想でものづくりを続けていては、立ち行かなくなるのは明白である。人口減少により国内の売上げは低迷し、新興国のマーケットでは、日本で開発した製品はコストや機能性において劣勢に立たされているのである。

　日本のものづくりが生き残るためには、これまでとは異なる新しい価値を提供する製品の開発が必要不可欠となる。これこそが日本のものづくりの生命線である。それは、ものづくりを通した新しいライフスタイル、生活文化の提案であり、安全、安心、快適を追求した新しいコンセプトによる製品開発である。すなわち、既存製品の延長線上にはない新しい価値の創出である。

　例えば、今の日本はエネルギー、高齢化、環境問題など、多くの課題を抱えている。これらは、いずれ世界が直面する課題である。つまり、持続可能な社会へ向けた課題解決型のものづくりは、日本の進むべき一つの解となり得るのである。欧米の先進国や中国が日本に続いて高齢化社会を迎えることを考えれば、高齢化への対応は世界へ向けて新たな価値を提供することを意味する。課題に対するソリューションの中に新しい価値を創造し、今後、世界が必要とす

る技術を開発、実用化するのは日本の使命だといってもよい。

　価値の創造を前提としたものづくりは、従来の開発スタイルとは当然異なる。これまでの日本のものづくりは、どうやって(How)つくるかに注力したプロセスイノベーションが製品開発の中心であり、プロセスイノベーションこそが日本企業の競争力であった。しかし、新たな価値を創造するものづくりでは、プロセスイノベーションに加え、どんな製品をつくればよいか、つまり、どんな価値をマーケットに提供すればよいか(What)が、ものづくりの成否を分けることになる。したがって、その製品はなぜ必要か(Why)について議論、検討する段階から、製品の細かなイメージを構築していくことが必要である。すなわち、価値創出を中心としたプロダクトイノベーションが求められているのである。製品開発を行う際、これまで日本企業は何を(What)、なぜ(Why)の部分について、どこまで検討してきただろうか。これからのものづくりには、開発する製品の存在意義や価値そのものが重要になってくるのである。

　プロセスイノベーションが中心のものづくりでは、既存製品や生産ラインといった、目で見える領域でのHowの技術が中心であった。現物を目の前にして、継続的に現場で改善を繰り返していくことで大幅なコストダウンや機能アップを実現し、日本企業は着実に成長してきた。しかし、今後はそれらに加え、新たな価値を定義し、仮説と検証を繰り返すことでWhatとWhyを追求する目で見えない領域のものづくりが必要となる。今、市場では何が必要とされているのか、それを提供すれば本当にユーザーに喜んでもらえるのか、それはなぜか、この思考を繰り返すことで製品の価値(What、Why)を定義し、開発プロセス(How)を再構築する新しいスタイルのものづくりが求められているのである。

第2章

日本流ものづくりの原動力

2.1 日本流ものづくりの原点

　高度成長から低成長、そして成熟社会へと環境が大きく変わる中、日本企業は発展を続けてきた。企業の成長が日本経済を牽引してきたわけだが、資源のない国がこれほど短期間で経済成長した例は、世界に存在しないという。アフリカや東南アジアの国々に見られるように、発展途上国は、保有する天然資源を活用して成長軌道に乗り、時間をかけて発展するのが一般的である。

　日本企業は、戦後の復興から、常識では考えられないスピードで世界と渡り合える製品をつくるレベルにまで成長した。これは単に運がよかったというだけでは決して説明のつくものではない。この成功要因を単に高度成長に求める人は多いが、果たしてそれだけであろうか。今後の持続的な成長を考えるのであれば、日本企業がもっていた強みを歴史的観点から振り返って整理し、将来に活かすほうが賢明である。その強みこそが、時代の求める要求に迅速かつ適切に対応したプロセスであり、日本のものづくりの原点である。そして、そのプロセスの構築能力こそが、今後の日本のものづくりを考えていくうえで非常に重要なのである。

　本書では、ものづくりを以下の3つの構成要素に分けて考えていく。

ものづくり＝　人づくり　＋　価値づくり　＋　物づくり

　ものづくりは人づくりといわれるように、ものづくりの1つ目の要素は「人」である。昨今、企業の永続的な成長や基礎体力を考えるうえで、「人」についての重要性が高まっている。人は企業運営の中心であり、価値づくり、物づくりの主役であることはいうまでもないが、これからの大航海の時代を乗り切っていくためには、それにふさわしい「人づくり」が必要となる。

　ものづくりの2つ目の要素は「価値」である。価値づくりとは、「製品がお客様に提供する価値、製品コンセプトを創出すること」と本書では定義する。これまでの日本企業の製品開発は、機能や性能の実現に重点を置いてきた。機

能や性能において明確な数値目標を設定し、それらを達成することで製品の価値を決定してきたのである。しかし、欧米という目標がなくなった今、自らが製品の価値を定義し、お客様にどのように使っていただき、驚きや感動、心地よさをどう演出するかが、「価値づくり」の中心となってきている。

最後の要素は、これまでのものづくりの主役である「物」である。どんな時代であろうと、物づくりがなくなることはない。お客様につくり手のメッセージを直接伝えるのが「製品」である以上、「物づくり」は最低限必要な要素である。製品に込めるメッセージ、価値、コンセプトは、時代によって異なるかもしれない。しかし、基本的に「物づくり」は、開発、設計、製造を通して、いかに品質の高い製品を早く、安くつくるかを追求するプロセスイノベーションであり、それを支える技術革新である。

(1) 人づくり

人づくりは、ものづくりの基本である。ものづくりの他の要素である価値づくり、物づくりを担うのは人であり、人のレベルや状態でものづくりの質は決まってくる。「ものづくりは人づくり」といわれるように、日本が今後も「ものづくり立国」であり続けるためには、「人づくり」を避けては通れない。人づくりは、新しい製品やサービスをつくり出すイノベーションの源泉であると言っても過言ではない。

これまでの日本のものづくりを支えてきた「人」は、日本独特の国民性をもった人材であった。このことは、日本という国を世界から客観的に見たとき、諸外国からは理解しがたい特別な国であることからも説明できる。もともと日本人は同質性が強く、その多くは中流意識が高いため、共通の目的意識が非常に強い。また、伝統的に"自分だけよい思いをしている"ことを嫌う傾向がある。こうした共通の国民性、目的意識が、日本のものづくりを支えてきた根底にある。それが垣間見られたのが、3.11の東日本大震災である。

自然災害や危機などの極限状態に追い込まれると、その人の本性が露呈するといわれるが、東日本大震災は、まさに日本人の国民性を世界に知らしめる結

果となった。家具の下敷きなって負傷した女性が、救急隊に迷惑をかけたことを詫びるシーンがテレビで放映されたが、彼女は隊員に面倒をかけたことに頭を下げ、先に助けなければならない人はいなかったのかと尋ねたという。こうした最悪の状況の中ですら、他人を気遣う国民性が日本人にはある。このシーンひとつをとっても、荒れ果てた東北の地に、日本人の気高さや勇気を感じた人は少なくないだろう。そして、日本人ばかりでなく、世界の多くの人が東北の復興を確信したであろう。他人を気遣う心は、日本人としての気高さや優しさ、勇気をよく表している。

また、"和の精神"に見られる日本人ならではの考え方も、決してこの発言とは無縁ではない。歴史を振り返ってみると、これまで日本人は、海外の技術や文化を積極的に吸収して発展してきた。決して排他的にならず、合理的に生活の中に異質を取り込み、柔軟に自分達の文化を醸成させてきたのである。神道が存在した日本に仏教や儒教が伝わったときも、神道と仏教をうまく共存させた。日本人は海外の異なる文化を受容し、自分達の文化に融合できる"和の精神"をもった世界でも稀な民族なのである。

こうした和の精神や他人を気遣う国民性が、大家族や地域社会という温かな共同体を作り、戦後の社会基盤を形成した。そして、お互いに助け合い、必要なものは海外からでも躊躇することなく取り入れる前向きな姿勢が、日本の成長を根底から支えた。戦後の復興は、こうした中で育った志高き人々が存在したからこそ達成できたのである。それは、ものづくりについても同様である。戦後、多くの企業が欧米の技術を取り入れて発展してきた過程には、日本独特の環境で育まれた強靱なメンタリティーをもった人々の活躍が欠かせなかった。敗戦という日本史上最大の危機が日本人としての国民性を引き出し、日本人らしい取組みが、戦後のものづくりの基盤をつくり上げたのである。

(2) 価値づくり

ものづくりの2つ目の要素である価値づくりは、お客様に伝えたい価値を明確に定義することである。それは、製品を通して発信する顧客に伝えたいメッ

セージであり、顧客に感動を贈るコンセプトでもある。このメッセージやコンセプトは、技術者が製品に託す思いといえるかもしれない。

　これまで日本のものづくりは、どちらかといえばQ（品質）、C（コスト）、D（納期）を中心に製品の価値を考えてきた。特に高度成長期、つくれば売れる時代には、製品の利便性を追求し、それを満たす製品をいかに効率よく提供するかが課題であった。製品の利便性は、日常の生活をつぶさに分析すれば、何をどう改善すればよいかが比較的容易に想像できた。現状の製品を、「早く」「正確に」「安全に」のキーワードで考えれば、より具体的な製品イメージを描くことができたのである。

　このことは、これまでのヒット商品を振り返ってみるとわかりやすい。例えば、音楽を録音するメディアは、当初レコードであったが、カセットテープの登場により、音楽はテープで聞くことが一般的になった。そして、次にCD、MDに置き換わり、最近では、音楽はインターネットからダウンロードするのが主流となった。家電量販店の店頭には、インターネット接続に対応したオーディオ機器が所狭しと並んでいる。このように、音楽を持ち運び可能にすることによって、ある決まった場所でしか聞けなかった曲が、いつでもどこでも聞けるようになった。ユーザーへの利便性の追求が、新しい製品を生んだ例である。

　製品を開発し、試作品をつくることができたら、次はその製品の品質を確保し、効率よくタイムリーに市場に提供しなければならない。近年、国内市場に行き渡った家電品を新興国に展開するため、多くの企業が国内の工場を海外に移転している。量産品の価値は、市場価格から材料費を引いた加工費や人件費、設備費、利益である。したがって、労働コストの低い地域へ生産を移すことで、人件費ばかりでなく、生産設備を人の作業に置き換えて、設備費も同時にコストダウンできる。生産の海外シフトは決して簡単なことではないが、新技術の導入なしに製品の競争力を高めることができる一つの例である。

　日本が強いといわれてきたものづくりには、機能や性能、あるいはQCDのように、つくるべき製品の明確な目標が存在し、それを極限まで追求すること

で競争力を維持してきた。海外展開も視野に入れ、機能の実現、コスト削減、品質向上、リードタイムの短縮に、社員が一丸となって取り組むことで、高品質、高機能、そして、低コストの製品をつくり上げてきた。どちらかといえば、これまでの日本製品は、こうした高品質、高機能、低コストが製品の価値であったが、時代の要求は大きく変化している。先進国では当たり前の家電品は、新興国で生産しなければ、コスト面で世界のメーカーとは対等に渡り合えない。すでに機能、性能は市場の要求を十分満たしており、これまでのものづくりの観点からだけでは、製品を差別化して新たな価値を追求することは限界に近い状況である。

(3) 物づくり

物づくりは、これまで日本が世界から注目を浴びた"ものづくり"そのものである。本書では、物づくりを、実際に製品を設計して製造するプロセスと定義し、"ものづくり"は、物づくりに、人づくり、価値づくりを加えた3つの要素からなる広義の意味で捉えている。物づくりは、実在のものを原料から効率よくつくるプロセスであり、技術と技能を駆使して高い品質、生産性を確保するために必要なノウハウである。このノウハウが、これまでの日本企業の競争力の源泉そのものであった。

戦後の日本は、GHQの指導のもとに、航空機などの軍需産業に携わった企業や技術者が業種転換し、現在にまで受け継がれる物づくりの基盤をつくった。戦前から、日本の物づくりは世界に決して引けを取るレベルではなく、その技術や技能が日本のものづくりを発展させるきっかけとなった。戦艦大和や零戦を生んだ優秀な技術者が、自動車や新幹線、家電品などの開発に着手し、世界的な製品をつくり上げてきたのである。

こうした物づくりを支えていたのは、高度な技能や技術である。例えば、東京の大田区や東大阪の町工場では、切削、研磨、形成、メッキなどの高度な加工技術を蓄積しており、町工場に図面を持ち込むと、驚くべきスピードで試作品ができあがる。現在では、さまざまな製品にエレクトロニクス技術が使われ

ているが、家電分野で進展していたエレクトロニクス技術を世界に先駆けて他分野の製品に応用したのは日本企業である。生半可な技術レベルでは、技術の転用などなかなかできるものではないが、日本企業が実現させたのである。また、製品の生産の分野においても、生産技術や工場管理のノウハウは、もはや日本のお家芸である。

現実の物づくりには、技能、技術、科学の3つの要素が含まれるが、これらを適切に結びつけることで最高の製品をつくることができる。これまで日本が強いといわれていた領域は、技能を用いて既存の製品や生産プロセスを改善・改良する分野である。日本の職人技ともいうべき技能は、日本の伝統的な工芸品からもわかるように、世界最高レベルである。技能者の忍耐強さから生まれる製品の緻密さは、物づくりでも遺憾なく発揮されてきた。現在、技能オリンピック（技能五輪）が国内外で開催されているが、日本は世界的に高い評価を得ている。新興国の台頭は技能五輪でもめざましいが、日本企業も、相応に技能の洗練、伝承に力を入れている。これは、まさに日本の物づくりにおける技能の重要性を物語っており、日本のものづくりの復権に技能は不可欠であることを示している。

また、既存の技術および技能を改善、改良して、新たに組み合わせて新製品、新サービス、新プロセスをつくる分野でも、日本企業は非常に強い。戦後から高度成長期にかけて、海外の技術を積極的に取り入れて自社の製品に適用してきたが、特に技能をベースにした機械分野は、日本の得意とするところである。事実、自動車、工作機械、ロボットなどの機械製品は、今でも高い競争力を維持している。機械製品は、不変な物理法則に基づいて設計するので、デジタル技術を基本とするITの世界とは異なり、製品にノンリニアなイノベーションは起きにくい。つまり、機械製品分野では、長年積み上げてきた経験やノウハウを製品に結集することで、製品の付加価値を維持できるのである。技術、技能の改善による機械製品や生産技術は、まさに世界に冠たる日本のものづくりの強みであることに間違いない。

2.2 日本を支えた現場力

高度成長期における日本企業の成功要因は、マサチューセッツ工科大学の司馬正次教授が1993年に書いた A NEW AMERICAN TQM [2] の中の「4つのマネジメント革新の思想」にまとめられている。図2.1は、司馬正次教授の著書をもとに作成した4つのマネジメントの思想とTQM活動の概念である。TQM活動は、これまで成功を収めてきた日本的経営を体系的に表現しており、日本流ものづくりの原点といってよい。日本のTQM活動は、顧客重視の思想を頂点に、高い経営品質を実現する継続的改善と全員参加による現場力で構成されている。

米国のレーガン政権が設立した産業競争力委員会(President's Commission on Industrial Competitiveness)は、1985年に "Global Competition The New Reality"（通称「ヤング・レポート」）と題したアメリカの産業競争力の向上をね

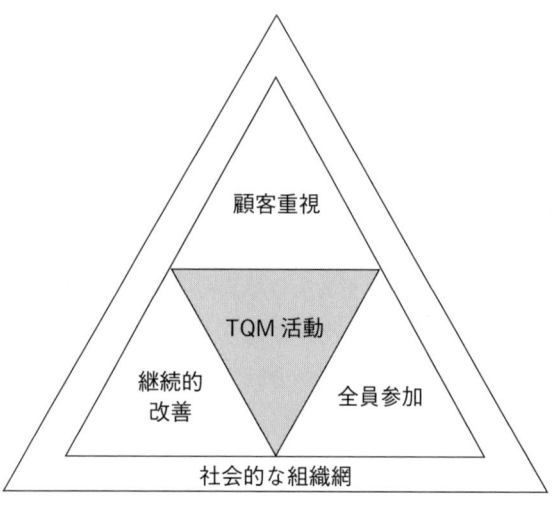

出典：S. Shiba, A. Graham, D. Walden : A NEW AMERICAN TQM, Productivity Press, 1993
図2.1　TQM活動

らった報告書を発表した。これを契機に、マサチューセッツ工科大学がまとめたアメリカ再生のための具体的な提言である「Made in America」[3]をはじめ、競争力強化の政策が次々と提案された。そして、これらの提言を着実に実施していくことにより、アメリカは息を吹き返す。特に、国家戦略として研究開発促進や製造技術の向上、教育研修による人材育成、国家によるベンチャー企業育成、特許制度の改正などを行い、1990年代にはITの分野で圧倒的な競争優位を確立した。マルコム・ボルドリッジ国家品質賞もその政策の一つであるが、この賞を中心に国家的なTQM活動が米国で展開された。図2.1は、こうした背景のもと、日本にできることが米国にできないわけはない、というテーゼに基づき、日本で成功したTQC活動の共通点を抽出し、TQMの考え方をまとめたものである。

以下に、TQM活動における3つの活動指針である「顧客重視」「継続的改善」「全員参加」について簡単に説明する。

(1) 顧客重視

顧客重視は、日本企業が成長する過程で企業文化として確立した概念である。日本では「企業は社会の公器である」という認識が強く、この考え方に異論を挟む人はいないであろう。パナソニックの経営理念としても有名であるが、その考え方の一端は、渋沢栄一の道徳経済合一説に垣間見ることができる。企業の本質は「社会共有のもの」「社会のためにある」という理念があれば、顧客重視は、すべての企業活動の前提として理解することができる。海外では、ドラッカーが「顧客を満足させることが、企業の使命であり、目的である」と、顧客重視の考え方を示している。

日本企業は、顧客重視の考え方に従い、製品や組織の仕組み、仕事の仕方をドラスティックに変えてきた。他人を気遣う日本人の国民性について説明したが、こうした国民性が顧客重視の姿勢によく反映されている。「顧客第一」「お客様優先」「顧客満足」という言葉がよく使われるように、日本では顧客中心の企業活動が展開されている。常に、現在から将来にわたる顧客ニーズを把握

することで顧客満足度を高め、顧客が期待する以上の取組みを目指している。

例えば、お客様への迷惑を最小限に抑える努力として、クレームに真摯に対応している企業は多い。優良企業では、さらにそうしたクレーム情報を貴重な情報源として製品開発や製造プロセスにフィードバックし、社内の問題を前向きに改善している。クレーム情報の中にある顧客の要求と期待を理解し、それらを実現できるように「仕組み」として社内に定着させるのである。このように、顧客をマネジメントシステムの一環として取り組むことが、顧客重視の1つの形態である。

顧客重視の実現は、時代とともに変化する品質要求を製品につくり込むことでもある。司馬正次教授は著書[2]の中で、「1950年代の品質の定義は基準とか規制というスタンダードに適応することであり、1960年代は、お客様の使い勝手に適応していくことが品質と認知されるようになった」としている。つまり、品質はお客様に受け入れられるようにつくり込んでいく（デザインする）ものへと変化したのである。そして、1970年代は、コスト競争の激化による低コストの実現が品質に大きく影響し、1980年代は、お客様の潜在的な要求をどう把握してデザインするかという企業活動そのものが、品質の対象として定義された。

以上のように、品質の定義は時代とともに変化してきている。1990年代に起きたバブル崩壊以前の品質の変遷を振り返ると、日本の顧客重視＝品質重視のものづくりは、時代の要求をうまく捉え、成功してきたことがよくわかる。

(2) 継続的改善

継続的改善は、現場の技術者や作業者が忍耐強く努力を続けるというイメージが強い。しかし、現実には、総合的なパフォーマンス向上のための管理の最適化が、継続的改善の目指すところである。

管理という言葉は、人によって認識が大きく異なるが、本書では「管理＝維持＋改善」と定義する。維持とは、現状の業務や作業を今のままの状態で続けることであり、維持するためには、守るべき項目を明確にしておく必要があ

る。こうした項目には管理限界値が決められており、その管理の範囲内でレベルを下げることなく状態を持続することで、維持が可能となる。改善とは、維持のレベルから業務や作業のレベルを一段上げることであり、維持と同様、改善すべき項目と管理目標値を設定しなければならない。管理項目に沿った目標値に向けた改善を行い、その状態を維持することが管理であり、この繰り返しが継続的改善である(**図 2.2**)。

最近では、管理の定義に改革を加えて、「管理＝維持＋改善＋改革」とすることもある。改革とは、現場レベルでは困難な現状業務や現状作業に対する大規模な組織的改善と言うこともできる。組織で実施するため、改革項目に関連したプロジェクト活動が存在し、上級管理職が、その活動のリーダーあるいはメンバーであることが多い。この管理の3項目である維持、改善、改革の業務比率は、企業での役職や立場によって**図 2.3**のように異なる。

継続的改善の具体的な活動は、次の1)から5)のステップの繰り返しである。
 1) 現状を分析し、改善の領域、目標を設定する
 2) その目標を達成する解決策を検討する
 3) 解決策を評価し、実施する解決策を決定する

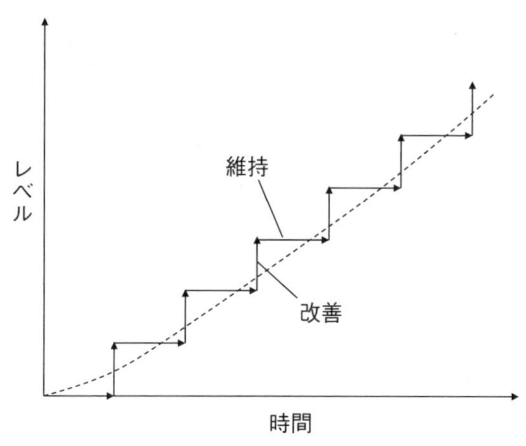

図 2.2　継続的改善

26　第2章　日本流ものづくりの原動力

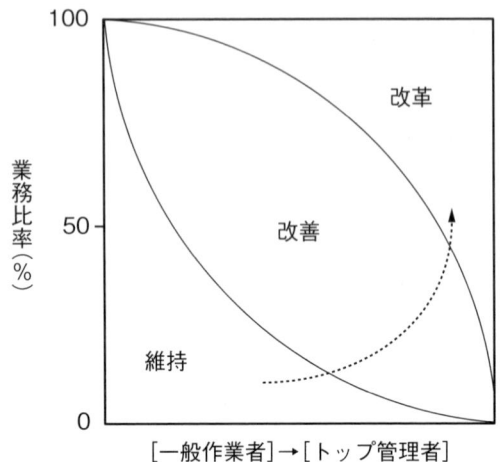

出典：古畑友三：「現場改善 ムダ取りの基本4」、埼玉県中小企業振興公社、2009
図2.3　維持＋改善＋改革

4）解決策を実施し、実施結果を評価する
5）有効な方法であれば、正式な方法として採用する

　これは、PDCAサイクルそのものであり、計画(Plan)、実行(Do)、評価(Check)、改善(Act)の4つの活動を継続的に実施することで、製品や業務活動の品質を維持、向上させていくという考え方に基づいている。
　QCストーリーやQC発表が製造現場で定着しているように、日本のものづくりにおいて、PDCAサイクルは管理の常識的な考え方の一つとなっている。品質管理は、ウォルター・シューハート、エドワーズ・デミング、石川馨らにより、第二次世界大戦後に確立された管理手法だが、日本企業は高度成長期に必死で導入し、製造現場に展開していった。目標が欧米企業やその製品であった日本企業は、具体的な目標を掲げることで、改善項目や維持項目、管理限界値を容易に設定することができ、想像以上の成果を手に入れることができた。そして、維持と改善を忍耐強く繰り返すことで管理レベルを向上させ、製品の品質を飛躍的に改善した。これにより、競争力のある日本ブランドを確立した

のである。

(3) 全員参加

　前出の司馬正次教授は、全員参加の形態はチーム活動であるとして、職場第一線におけるQCサークル、品質向上のためのタスクフォース、組織横断型のプロジェクトチームを例にあげて説明している。昨今では、トヨタにおける大部屋活動や、日産自動車が採用しているクロス・ファンクショナル・チーム（Cross-Functional Team、以下CFT）が有名である。

　大部屋活動は、プロジェクトマネージャーによる情報共有、即断即決、設計変更ゼロを目指したコラボレーション環境構築のための施策である。設計、生産技術、工場、生産管理、物流、調達部門などを1つの部屋に集め、開発に関する情報を共有することで意思決定を加速させ、後戻りを極限まで防止する活動である。

　CFTは、既存の組織の枠にとらわれず、複数の部門や職位から必要な人材を集めて、随時編成するプロジェクトチームである（**図2.4**）。多様な経験、スキルをもつメンバーを選び、部門横断的なテーマの検討、解決策の提案がミッションである。

　日本では日産自動車の成功によって一躍有名となったが、もともとは1980

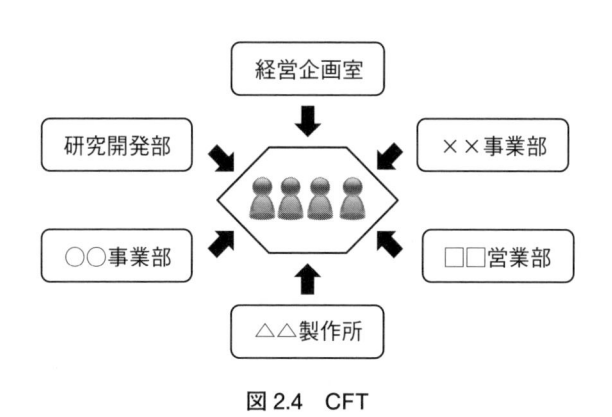

図2.4　CFT

年代に高い競争力を誇っていた日本企業が実践していた活動である。それが、主にアメリカで研究され、組織の生産性を向上する手法として理論化された。日本の企業では、非公式な対話やコミュニケーションを頻繁に行うことにより部門間の情報を共有していたが、この情報共有の仕組みは形式知化されることはなかった。しかし、この仕組みは日本のものづくりの高い生産性と品質を達成する情報共有のインフラであるという認識が高まり、CFTという概念として海外で理論化され、日本に逆輸入された。CFTは、日本企業が現場で培い、実践してきたベストプラクティスにほかならない。

今、日本では、企業再生やプロジェクト運営の効率化のために、大部屋活動やCFTが盛んに取り入れられている。日本企業の強みであった暗黙のシステムを制度化し、全員参加を前提にした改善活動や、プロジェクトによる迅速な課題解決を目指している。こうした大部屋活動やCFTは、個人と経営企業全体の問題を結びつけ、当事者意識や個人の責任感、モチベーションを高め、組織の潜在的な能力を飛躍的に向上させる。これにより、問題解決能力を高めると同時に、意思決定をスピードアップし、セクショナリズムや権威主義などの悪しき慣習を打破することができ、競争力のあるものづくりを実現する。ここで、忘れてはならないのは、日本企業には、かつてこうした仕組みが社内に存在していたという事実である。

(4) 日本のTQM活動

司馬正次教授のTQMのトライアングル（図2.1）は、高度成長を通して最適化した日本のものづくりの源泉であるといってもよい。日本のものづくりにおける顧客重視は、欧米の製品を目標にした品質改善活動として製品開発や企業活動に反映され、高度成長という時代背景がその取組みを後押しした。このTQMのモデルこそ、日本のものづくりの原点であり、成長を支えた企業哲学でもある。

TQM活動のような全員参加型の問題解決活動は、明確な目標に向かって「とにかくやってみる」という気概と、「みんなの意見を聞きながら、さらに次の

ステップへ進む」という活力を組織の中に育んだ。TQM のトライアングルは、企業の最小単位である人と人を有機的に結びつけ、効果的な活動を駆動して組織目標を達成する問題解決モデルともいえる。

　日本のものづくりは、経営幹部であるトップマネジメントより、QC サークルを中心とした現場の活動にその特徴がある。QC サークルは、個人が改善のために知恵を絞り、そのアイデアを全員で検討して問題を解決することで、品質、生産性の向上に大きく貢献する。また、この活動を通して技術や問題解決の考え方が熟練者から若手へ伝承し、その過程で人が育つことに価値がある。

　デンソーの髙橋朗元会長は、現場の改善活動である QC サークルを図 2.5 のように表現した[5][7]。QC サークルは、まさに TQM 活動の現場における要であり、実践知そのものである。すなわち、コミュニケーション、特に双方向のコミュニケーションを中心に現場の意識（問題意識、改善意識、仲間意識）を醸成

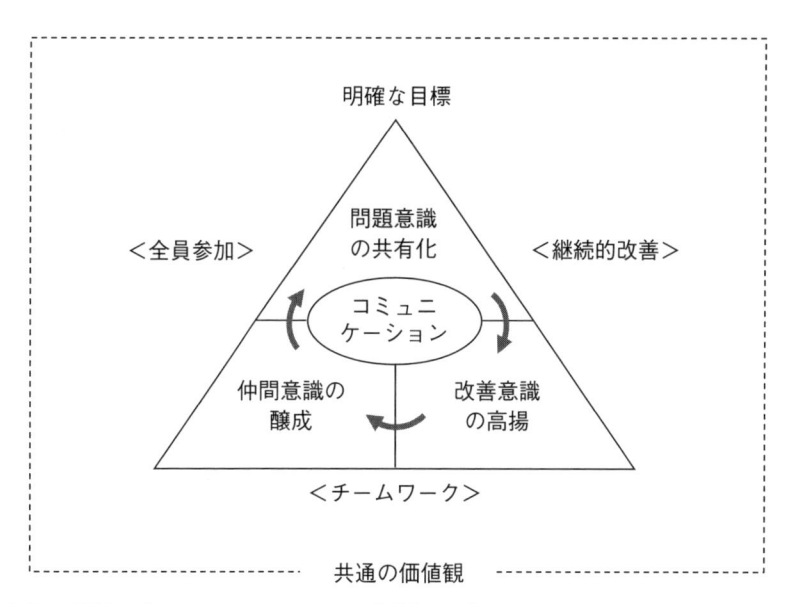

出典：髙橋朗：『トヨタにおける TQM の意義』、品質月間テキスト No.268、品質月間委員会、1997

図 2.5　現場の改善活動

し、職場を活性化することで個人の能力を引き出し、現場の改善を促進する活動である。

　高度成長期は、欧米という明確な目標が存在したので、自分の職場の問題を容易に定義することができた。目標が明確かつ具体的であれば、目標と現実のギャップである問題は誰にでも容易に把握できる。問題が職場で顕在化し、職場のメンバーがその問題を理解することで、「問題意識」を共有化することができ、その意識がより強くなれば、職場に何とかその問題を解決しようという機運が高まる。当時は、社内の問題解決は会社の成長につながり、ひいては昇給や豊かな生活の実現を意味したので、職場の「改善意識」は自ずと高揚した。「改善意識」が高揚した状態で、職場のメンバーと率先して改善に取り組むことでチームワークが高まり、「仲間意識」は醸成する。こうしたコミュニケーションを中心にした現場の活性化は、改善活動を加速し、大きな成果をもたらした。

　もちろん、日本人としての共通の価値観が職場に存在していたことも見逃せない。全員参加の活動ができたのも、この共通の価値観に因るところが大きい。そして、改善活動を推し進めることで、チームで問題解決するプロセスを職場に定着させていった。日本的経営の特徴である終身雇用や年功序列といった当時の経営慣行も、こうした現場の改善活動を社内制度として支えていた。

　以上のように、現場の改善活動は全員参加（方針）、継続的改善（手法）、チームワーク（形態）を背景に、コミュニケーションが現場の3つの意識（問題意識、改善意識、仲間意識）を高め、日本の現場力を最大限に引き出した。このトライアングルは、なぜ日本のものづくりにおいてこれほど効果的に機能したのだろうか。もちろん、戦後から高度成長期にかけ、豊かさを求める日本人の欲求や価値観が、活動全体に大きな影響を与えていたことは明らかである。しかし、それ以上に、日本人のDNAである"和の精神"や"勤勉さ"、さらには"仁、義、礼、智、信"（五常）に代表される儒教の思想が、活動における共通の価値観として機能していたことも忘れてはならない。こうした価値観まで含めたTQM活動の仕組み全体が、日本のものづくりの原動力となっていたのである。

2.3　日本企業の強み

　日本企業の強さは、司馬正次教授の TQM のトライアングル(図 2.1)、それを現場の活動に具現化した高橋のトライアングル(図 2.5)を通して発揮されたが、その核心は、改善活動がマネジメントを変えることでチーム力を高め、個人と組織とを同時に成長させる仕組みにある。改善の土壌を企業文化として定着させ、継続的改善により、マネジメント、チーム、個人、そして組織全体の能力を継続的に向上してきたのである。

　継続的改善は、司馬正次教授の著書 *A NEW AMERICAN TQM* [2] で WV モデルとして紹介されている。WV モデルは、標準や問題、予想される課題に対する対応(アクション)の仕組みとして、思考と行動のパターンを整理した問題解決モデルである。司馬正次教授は、KJ 法で有名な文化人類学者の川喜田二郎教授の W 型問題解決モデルを TQM 活動へ適用し、問題解決プロセスとして改善の概念を説明している。

　川喜田二郎教授のモデルは、書斎科学、野外科学、実験科学の関係を示したモデルである。川喜田二郎教授は著書 [6] の中で、「新しい発想は思考と経験のレベルを行ったり来たりしながら、問題を提起し、仮説を立て実験を行い、仮説の妥当性が検証され結論を得るものだ」と指摘している。この考え方は、まさに改善活動そのものを表現しており、改善活動が、新たな発想が求められる創造活動そのものであることを示している。

　昨今、多くの企業が構造改革をスローガンにさまざまな施策を打ち出しているが、改革や革新のアイデアはある日突然浮かぶようなものではない。だからといって、他の企業でやっていることを真似すれば成功するようなものでは決してない。ものづくりは、それに携わる人の地道な改善活動の積み重ねによって成立する創造活動なのである。ものづくりにおける改革や革新は、こうした継続的な改善活動が現場に根づいてこそ達成できるのである。

　日本企業の強みは、顧客重視の視点で改善活動を機能させてきたところにあ

る。顧客満足を前提に、仮説と検証を繰り返すことで問題解決を進め、経験から現場のノウハウを獲得していった。さらに改善活動には、科学的アプローチや管理技術、固有技術が必要であるが、日本企業はこうした技術を社内外から積極的に吸収し、現場での実践を通じてノウハウとして蓄積した。TQM活動を推進する社会的な組織網を上手に活用し、社外の発表会や研修会を通じて技術力の向上を図り、改善活動への動機付けを行うことで、企業に改善文化の土壌をつくり上げたのである。

継続的な改善活動は、マネジメントそのものにも変化をもたらした。改善活動が問題解決型の創造活動として現場に展開できれば、現場で働く人達は改善活動に大いに興味をもつ。創造的な仕事は非常に魅力的であり、自分の発想やアイデアが業務に反映されることで、仕事に喜びも感じるようになり、働く人達の態度を前向きに変える。改善に取り組んで困っていた問題が解決されると、さらに次の改善に取り組む気になり、問題解決のための技術や考え方を工夫して学習するようになる。こうした改善の連鎖ともいえる継続的改善は、働く人に自信をもたせ、自分の職場とリーダーへの信頼を高めた。この自信と信頼関係によって、彼らは変化に対する恐れがなくなり、自己革新にも積極的に挑戦するようになるのである。

また、改善活動は、現場に問題解決に対する自信や楽しさを広め、チームへの信頼感を向上させ、より大きな変化に対しても果敢にチャレンジするスピリットを植えつけた。人は自信が出てくると異質なものに対して寛容になり、チームワークも向上する。改善活動は技術だけでなく、組織を活性化し、変化を恐れず、課題に果敢に挑戦する習慣をつくり上げることにも意味があった。

日本には現場の改善を大切にする企業が多いが、それはおそらく、改善活動は組織をより創造的に変え、マネジメントレベルを向上させる活動であることを経験的に理解しているからであろう。これまで日本企業は、改善活動により職場のチームワークを高め、個人を成長させ、問題解決能力を高めることで成功してきた。これこそが、競争力を維持してきた日本独自の仕組みであり、TQM活動を通じて継続的改善を企業文化にまで高めた日本企業の強みである。

第3章

日本のものづくりの課題

3.1　前提条件の変化

　TQM活動を通じて問題解決力を向上させ、現場の改善活動で競争力を維持してきた日本企業であったが、今、存在価値そのものが問われている。国内では六重苦という厳しい競争条件に追い込まれ、また、マーケットも「つくれば売れる時代」から「売れるものをつくる時代」に変化した。この大きな環境の変化にうまく対応できなくなった理由として、現場における「問題意識の共有化」「改善意識の高揚」「仲間意識の醸成」(**図2.5**)が停滞し、コミュニケーションを中心に機能していた改善活動のサイクルがうまく回らなくなったことがあげられる。改善活動は、個人の能力を引き出し、関係者を同じベクトルに揃えることで、組織の能力を最大限に発揮させる。しかし、今の日本企業の多くは、組織も個人も改善活動を通じて得た自信と活力を失いかけている。

　その原因は、TQM活動が成功した前提条件である個人の価値観や社内の制度、仕事の進め方が時代とともに大きく変化しているにもかかわらず(**図3.1**)、従来の成功体験から抜け出せていないからではないだろうか。

　世界では、IT技術を駆使して先進国から新興国にまで急速にグローバル化が進んでいる。世界市場を前提としたグローバル競争は、すべての国を巻き込

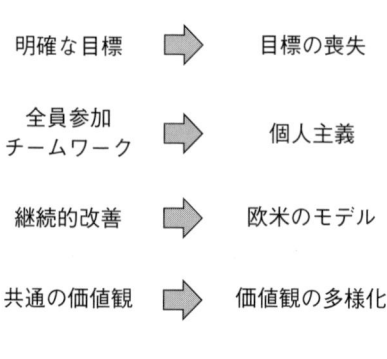

明確な目標	⇨	目標の喪失
全員参加 チームワーク	⇨	個人主義
継続的改善	⇨	欧米のモデル
共通の価値観	⇨	価値観の多様化

図3.1　前提条件の変化

み、世界経済に新たな秩序を確立しつつある。一方、国内に目を向けると、戦後の高度経済成長により、確かに豊かさを享受できる社会になったが、1990年代から低成長に入り、以後、現在に至るまで経済は低迷し、「失われた20年」などといわれている。世界も、そして国内も、企業を取り巻く環境は大きく変化した。

しかし、日本の製造業は、過去の成功体験から自己の能力を過信し、変化に対応することなく、昔ながらのやり方を「これでうまくいくはずだ」と信じ切って進めているように思えてならない。環境が大きく変わった今、過去の延長線でものづくりを続けていては、現実とのギャップは拡大するばかりである。現実とのギャップは、プロセスの非合理さを助長し、企業のいたるところにムダを生み、現場のモチベーションは最悪の状態となるであろう。

「最も変化できるものが生き残る」。これは、経営学者 L・C・メギンソンによるダーウィンの「進化論」の解釈である。つまり、「最も強い者が生き残るのではなく、最も賢い者が生き延びるのでもない。唯一生き残るのは、変化できる者である」ということである。価値観が大きく変化する今ほど、この言葉が当てはまる時代はない。今後は、想像もつかない大きな変化が次々と起こるであろう。その可能性の芽は世界中で報告されている。

日本は戦後、非常に短期間で復興し、世界でも有数の先進国となった。すべてを失った戦後の状態から、復興という大きな課題を自らに課して大成功を収めた。メギンソンの言葉を引用すれば、変化できたからこそ今日まで生き残れたのであり、その結果、先進国となったのである。

しかし、今の日本企業は、これまで自分達がつくり上げた"ものづくり"のシステムに慢心し、次の変化への挑戦を忘れてしまっているかのように見える。それは、国や個人においても同じである。確かに、時代に適応し、豊かになった今の状態から、将来に向けて自らを変化させるには大きな痛みが生じるであろう。誰しも新しいことは上手にできないし、手間暇がかかるので、今までやり慣れた楽な方法を選択したがるのが世の常である。従来と異なるプロセスを提案すれば、既得権益者は反対するであろうし、個人レベルでも、新しい

ものへの抵抗は強いものがあろう。もし、こうした軋轢が変化への挑戦の足かせとなり、次の時代への一歩を躊躇させているとすれば、まさに氷河期に絶滅した恐竜と同じである。絶滅してからでは言い訳は通用しない。強くも賢くもある必要はない。必要なのは、時代の変化に合わせて自らを変えていくことであり、時代に適応できる者だけが、次の時代に生き残ることができるのである。

3.2 ものづくりの課題

日本のものづくりを人づくり、価値づくり、物づくりの観点から「これまで」と「現在」について整理すると、表3.1のようになる。

(1) 人づくり

現在、「人づくり」を取り巻く環境は決してよい状況とはいえない。人事制度における成果主義も一つの要因ではあるが、改善活動が欧米流のスタイルに変化し、人づくりの中心的役割を担っていた現場のOJTや技術伝承が、これまでほど積極的に行われなくなったことが主な原因である。そのため、OJTや技術の伝承、教育をルール化し、組織的な活動として取り組もうとしても、結局は現場のリーダーに委ねるほかなく、欧米流の改善を続けていては、活動は機能しない。また、これをトップダウンで進めても、"やらされ感"が先行してしまい、逆に活動は低迷してしまう。さらに、価値観の多様化やコミュニケーションの低下により、和の精神は薄れ、チームワークの中で育まれるはずの助け合いや相手を思いやるという日本人らしさが、ものづくりの現場から失

表3.1 現在のものづくり

ものづくり	これまで	現在
人づくり	○	×
価値づくり	—	×
物づくり	○	○

われつつある。かつての日本のものづくりを支えた現場の活力は、確実に衰えつつあるのである。

　また、日本にプロフィットセンター、コストセンターという概念が導入された当時、人づくりに関係する部署は、コストセンターとして捉えられた。コストセンターは利益に直結しないイメージがあり、会社の経営状況が悪くなると、人材育成や教育部門の予算は削減されることが多い。経営が苦しい企業では、教育や人づくりの施策に予算を取りたくても確保できず、将来を懸念する経営者は多い。人材育成の重要性は誰もが主張するが、現実には、経営が逼迫してくると真っ先に予算を削減されるのは教育部門である。

　人づくりで使われる費用は、利益を生み出す人間の能力と可能性を高め、ひいては会社の将来を左右する先行投資であることを認識しなければならない。例えは悪いが、工場での設備投資や保守が、ホワイトカラーの現場では人づくりに当たる。最新鋭の設備を揃え、適切な保守を施さなければ、国際競争を勝ち抜く製品はつくれない。同様に、研究、開発、設計の現場では、技術者の能力を高めなければ、世界市場で売れる製品を生み出すことはできないのである。

　昨今、世界市場での韓国企業の活躍がめざましい。サムスン電子、LG電子、現代自動車など、エレクトロニクス製品や自動車分野では、日本企業を脅かす存在になっている。韓国企業の人材育成はどうなっているのか。実は、サムスンは日本企業に学んだ社員教育の手法を人づくりの手本としている。

　サムスングループの人材育成の心臓部に当たる「人力開発院」は、ある日本メーカーの研修施設をイメージしてつくったものである。1960年代以降、電機や半導体に参入する過程で、技術だけでなく、人づくりも日本に学ぼうとした。日本企業が30年前に実施していた研修を、今でもサムスンは実施している。人力開発院での1カ月にわたる新人研修は有名で、サムスンの創業者の理念、経営哲学、チームワーク、礼儀などを徹底的に教育している。

　これまで日本企業は、さまざまな施策が功を奏し、現場の能力向上を企業の成長へと結びつけてきた。ここで忘れてはならないのは、戦後の高度成長を支えてきた人々は、戦前の教育システムの中で育ち、高いポテンシャルを秘めて

いたことである。当時、一般国民の識字率は97.9%と驚くほど高く、日本の教育水準は世界に誇れるレベルであった。高度成長を達成した背景には、戦前の日本の教育システムが重要な役割を果たしていたのである。

　また、日本が19世紀末という遅い開国から、驚異的なスピードで先進国に追いつくことができたのも、江戸時代に各藩の藩校で行われたエリート教育をはじめ、庶民には寺子屋によって「読み書きそろばん」が普及し、開国、殖産興業を担う人材育成のインフラが整っていたからである。このように、日本が急激な成長や復興を遂げた陰には、人づくりの仕組みがあったことを忘れてならない。

　「失われた20年」といわれて久しい。しかし、今こそが「第3の開国」のときであるという有識者も多い。いずれにしても、日本企業の復活、再生の鍵は、そこで活躍する人の力にかかっている。人は社会インフラの基盤であり、人材こそが国や企業の盛衰を左右する。古今東西、このことに異論を挟む余地はないであろう。人づくりの抜本的な見直しと継続的な投資により、現場のレベルを高め、グローバル化に対応できる次世代のリーダーを育てなければ、ものづくりの復権は望めない。

(2) 価値づくり

　ものづくりにおいて、「価値」という言葉が意識して使われるようになったのは、マサチューセッツ工科大学で誕生した技術経営（MOT）の概念が広がったからであろう。MOTでは、イノベーションの実現には価値創造が必要としているが、これまでの日本のものづくりでは、欧米の製品をお手本にした機能や性能追求による価値づくりを進めてきた。表3.1において、これまでの価値づくりを"—"としているのは、日本のものづくりは、すでに存在する欧米の製品へのキャッチアップが中心であったため、お客様に伝えたい価値を定義したものづくりは行われてこなかったことを示している。

　これまで、日本のものづくりは、技術革新により顧客や市場のニーズを満たす製品を開発して、競争力を維持してきた。しかし、いまだにその成功体験か

ら抜けきれず、今のまま頑張りさえすれば、成長し続けられるという強い思い込みがあるように見える。この思い込みがどれだけ危険であるかは、最近の電子情報機器における日本メーカーの低迷を考えればよくわかる。

　新型の薄型テレビや最新の携帯電話は次々と市場に投入されるが、どの製品も機能がてんこ盛りで、独自性に乏しく、差別化できているとはいい難い。発売当初は目新しさでユーザーの気を惹くが、やがて安売り合戦に陥り、早いタイミングで次の製品をつくる必要性に迫られる。製品に特徴や個性がなく、機能的にほとんど同じであれば、その製品は過剰供給となっていずれ売れ残り、市場から消えてしまうのは当然の帰結である。日本メーカーは、物づくりはできても、製品を差別化する価値づくりは不得意なのである。

　今後の価値づくりを行ううえで重要なことは、市場が求める機能をただ単純に製品に反映するのではなく、製品の用途をユーザー視点で捉え、製品のあり方を抜本的に見直すことである。つまり、ユーザーが求める価値は、何をどう提供すれば実感でき、どうすれば製品という形で実現できるのかについて、徹底的に考え抜くことである。これがお客様へ提供する価値やコンセプトの創出につながるはずである。

　こうしたものづくりの変化は、製品の意味や価値の変遷を時代とともに振り返えると容易に理解できる。これまでは、製品の機能そのものがお客様の目的であったため、欧米企業のつくった製品を参考にして、機能の搭載にさえ注力していればよかった。テレビなどで放映するCMは、製品の特徴ある機能をPRし、消費者は製品に機能そのものを求めた。

　しかし、社会が豊かになると価値観は多様化し、製品にさまざまな機能が要求されるようになった。この機能要求のすべてを満足する製品をつくり出そうとしたのが、これまでの日本のものづくりではなかっただろうか。そのため、同じ機能をもつよく似た製品が市場に氾濫しても、メーカーは搭載する機能数を競い続け、さらに製品を早く、安くつくることに躍起になった。製品は、ユーザーが求める機能の集合体であり、まさしくその機能がユーザーの目的であった。

最近では、インターネットやコンピュータの進歩により、製品は単なる手段へと姿を変え、使われ方が一様ではなくなった。製品単体では用途を満たさず、ネットワーク上のクラウド機能と連携して新しいサービスを提供するツールとして使われたり、あるいは、ユーザーのライフスタイルの中へ組み入れることで、製品が新たな価値を引き出す手段となっている。製品はネットワークやライフスタイルと一体化して、これまでにないサービスをユーザーに提供できるようになった。

そのため、これからの製品開発では、製品が使われる環境と一体化して、新しい価値や意味のあるサービスを提供するという発想がポイントとなる。これまでは、製品を内向きに分析していればよかったが、これからは、製品を取り巻くさまざまな環境との関係を見直し、ライフスタイルへの新たな提案をしていく思考が必要である。この製品は、こんな風に使われることでユーザーに満足していただくという観点から、つくり手が製品を演出する新たなストーリーをつくり、それを実現する機能を設計することで、今までにない感動や驚き、楽しさをユーザーに提供することが重要である。

また、製品を世界に展開する際も、それぞれの国の文化や習慣が製品に大きな影響を及ぼすため、今以上にユーザーの立場に立って、ユーザーを意識したものづくりが求められる。これも製品開発と同じで、その国のユーザーに対して提供する製品の価値、意味を考えなければならない。

これまで日本企業は、ものづくりの下流である製造工程で高い競争力を維持し、国際競争を勝ち抜いてきた。しかし、これからは、それに加えて上流、超上流でのつくり込みが、ものづくりの成否を決める時代である。上流、超上流でつくり込むべきものは、製品の価値や意味であり、今後は、製品が演出するシナリオ、すなわち、製品の価値や意味を反映した使われ方のコンセプトが求められるのである。

(3) 物づくり

物づくりは、これまで日本企業が実践してきたものづくりそのものである。

つまり、技術と技能を駆使して、与えられたスペックを満たす、競争力ある製品をつくることである。戦後から長年かけて築き上げてきた日本ブランドであり、これまでは、この物づくりが日本のものづくりの中心であった。

日本企業の物づくりに関するノウハウや技術、それを実現する技能については、いまだに世界トップレベルにある。日本には、物をつくるための下地は整っているので、これから目指すべき姿は、今までのような高度な技術革新を前提にした物づくりではなく、価値づくりを踏まえた売れる製品のための物づくりである。

これまで日本企業は、すべて自前で日本中心の物づくりを行ってきた。例えば、新製品の開発では、最新技術が必要かどうかの議論は十分せず、新技術を使って新製品をつくることに製品開発の意義を求めたこともあった。しかし、これからは最新技術が必要かどうかは、その製品が市場や顧客に提供する価値との関係によって判断しなければならない。製品によっては、新しい価値を提供することを前提に、最新技術よりも既存の技術を最大限に活用し、海外で安く製造したほうが市場に受け入れられるかもしれない。これからの時代、技術的な優位性だけでは製品の総合的な評価はできないのである。価値づくりができていなければ、製品として成立するか判断できないばかりでなく、最悪の場合、まったく売れない製品となる可能性もある。

典型的な例が液晶テレビである。確かに日本企業は、台湾や韓国のメーカーに比べ技術力は高かったが、現在の世界市場での評価はまったく逆である。韓国メーカーは、映像を見るための道具として新興国に液晶テレビを売り込んだ。テレビを見るのが初めてなら、あるレベル以上の機能、品質であれば問題ないと判断し、価格攻勢をかけることで、韓国メーカーは瞬く間に新興国で市民権を得た。そして、そこで得た膨大な利益を元手に液晶の技術開発に乗り出し、今では日本と同レベルの技術開発力を有するまでになっている。新興国に売り込んだ韓国メーカーの液晶テレビは、製品としての価値と事業戦略上の意味を兼ねた戦略製品だったのである。

また、米アップル社のiPhoneやiPadは、既存技術の組合せでつくられてお

り、新しい技術は一切採用されていない。スティーブ・ジョブズは、ユーザーに最高の価値を提供することに徹底的にこだわって、iPhoneとiPadを開発した。iPhone、iPadが世界で爆発的にヒットしているのは、物づくりではなく価値づくりで成功しているからである。

以上のように、今後の物づくりには、価値づくりとの強い連携が求められる。市場がより複雑になり、グローバル化が進んだことにより、製品価値を実現する物づくりの方法や部品の最適調達、さらには、どの国でどうやって生産するかなど、従来とは異なる視点の検討が必要となってくる。製品価値を高めるために、これまで蓄積した物づくりの技術を十分発揮し、お客様に届くまでを考えた物づくりに変わらなければならない。

さらに、物づくりを進化させるためには、新しい科学理論を適用した新技術の開発や異分野の技術を融合したまったく新しい製品やサービスを考えていかなければならない。技術革新と技術の融合による新しい製品価値を創出する物づくりである。

これまでの日本の物づくりは、どちらかといえば技能と技術中心で発展してきた。技能や技術が日本のものづくりそのものだったのである。技能は既存の技術領域の改善・改良に効率的かつ効果的に貢献し、欧米諸国で確立された技術と日本特有の技能を組み合わせて、製品開発を進めてきた。しかし、市場で競争力のある製品を開発するためには、技能や技術の改善だけでは、この先、もちろん不十分である。次の時代は、新しい科学理論と異分野の技術の融合から画期的な新技術や、それを適用した新製品が提案される可能性もある。つまり物づくりは、これまでどおりプロセスイノベーションと技術革新を追求することで、製品価値を最大限に引き出すことが使命であり、日本のものづくりの生命線であるといってもよい。

3.3 これからのものづくり

ここまで、日本のものづくりのこれまでと現在を、人づくり、価値づくり、

物づくりの3つの観点から考えてきた。戦後のものづくりの発展は、日本を世界第2位の経済大国にまで押し上げた。しかし、その急速な発展、成長こそが、ものづくりを支えていた前提条件や環境を大きく変化させ、日本企業の競争力の低下を招いている。その主な原因は、高度成長期につくり上げた仕組みや制度が環境の変化に対応できなくなったためであるが、問題の本質は、これまでの成功体験が自らの変化を妨げている点にある。これに焦りを感じた日本の企業は、海外のシステムを十分な検証もしないうちに導入し、日本の強みであった改善活動の姿すら変えてしまったのである。

欧米のメーカーにキャッチアップできた途端、目標を見失い、過去の延長線上にしか将来を描くことができなくなった日本企業は、今、世界市場で苦境に立たされている。これまでは、技術の優位性があれば売れる製品をつくることができたが、これからは、市場での価値を意識し、売れる製品をつくらなければ企業の存亡さえ危ぶまれる。今のままのものづくりを続けていては、これからの時代を生き残ることはできないだろう。

このような時代だからこそ、次世代を担う人材を育て、新しい時代のものづくりに着手しなければならないのだが、現場のコミュニケーションを中心とした育成のシステムは崩壊し、伝承のメカニズムは機能しなくなってしまっている。昨今では、若者の学力レベルの低下が叫ばれ、米国への留学者数の減少からもわかるように、戦後の高度成長や明治維新を支えたような強固な人材基盤は存在しない。六重苦により収益が落ち込み、現状の事業を維持するのに精一杯な状況では、人材の育成にまで投資できない企業は多い。それでも、新しいものづくりにチャレンジしなければ、日本のものづくりに明日はない。

(1)「自律」と「共助」

苦境に立たされた日本企業が再興するために必要なものは何であろうか。

一つは「自律」である。今一度、日本企業の現在の立ち位置を歴史的な観点から見直してみると、今抱えている問題や困難な局面は、国内での消費を前提としたドメスティック企業からグローバル企業へと成長するための、最初のス

テップと捉えることができる。日本企業は、戦後の高度成長から今日まで、日本国内のルールや常識、環境を背景に成功を収めてきた。しかし、これらは世界から見ると明らかに特殊な状況であり、理解しがたい環境である。欧米企業にとっては、こうした特殊な事情が日本市場への非関税障壁になっていたのは事実であり、大きく異なる日本独自のやり方を受け入れることはできなかった。今後、日本企業がグローバル市場で戦い、さらなる成長を望むのであれば、世界の常識やルールを受け入れ、グローバル企業としての地位を築くための企業努力が必要である。

これは、子供が大人になる成長過程によく似ている。子供が大人へ成長する過程では、自分自身への甘えが許されなくなり、大人の環境や社会常識を受け入れ、その規範の中で生きていくことが求められる。子供のルールのままでは大人社会では通用しない。その際、求められるのが「自律」である。

これまで日本企業は、欧米の製品を目標に欧米の技術を導入してものづくりの能力を高めてきた。ただしこれは、欧米企業という先輩の背中を見て成長してきたといってもよく、「自律」とはいい難い。今後は、自らの考え方に基づいた目標、方針、戦略を設定し、それに沿ったものづくりを実践していかなければならない。ものづくりにおける「自律」とは、製品の価値づくりやその実現に必要な技術、プロセスを工夫する物づくりを自らの意思に従って成し遂げることである。

次に必要なのは、「共助」である。「共助」とは、災害時の対応の考え方の一つで、地域や近隣の人が"互いに協力し合う"活動である。「共助」の他に自らを守る「自助」、国や自治体が手を貸す「公助」があるが、この考え方は、江戸時代の米沢藩主、上杉鷹山[8]が提唱したとされている。上杉鷹山は、米沢藩の藩政立て直しに成功した名政治家で、今の日本企業にとっても学ぶ点は多い。

上杉鷹山は、三助を実践することにより米沢藩を再興し、物質的にも精神的にも美しく豊かな国をつくり上げた。三助とは、以下の3つの助である。

・自助：自ら助ける

・互助：近隣者が互いに助け合う

・扶助：藩政府が手を貸す

　上杉鷹山の功績は、自助と互助の精神を藩内に浸透させ、藩内の武士から町人に至るまで、藩やお互いのために何かをしようという意識を高めたことにある。自助と互助により、はじめて藩は活気を取り戻し、その中で自由と豊かさを享受することができたのである。

　上杉鷹山が目指した姿は、高度成長期の現場の改善活動によく似ている。お互い助け合い（仲間意識の醸成）、何ができるかを考え（問題意識の共有化）、そして、それを実施する（改善意識の高揚）。米沢藩の活力の源は、まさに現場の改善活動の成功要因そのものである。現場の活力を取り戻すためには、自助と互助の精神が不可欠であることは、上杉鷹山が証明している。

　上杉鷹山が示した自助は、前述した「自律」であり、互助は「共助」に相当する。日本のものづくりが「自律」に向けて動き出すとき、製品の価値づくり、物づくりを根底で支えるのが「共助」の概念であり、「共助」を前提とした人づくりである。ものづくりの復権に必要な「自律」と「共助」は、われわれ自身の歴史から学んだ素晴らしい英知である。ものづくりが直面するこの難局に、次の時代を切り拓くためにこの英知を活用できることは、日本人として最大の誇りである。

(2) 三共の思想

　これからのものづくりを、「自律」と「共助」を軸に再構築する際、まず着手しなければならないのは「自律」である。すなわち、ものづくりの目指す姿を明確に示し、その目標を目指して正しい方法を選択、実行することである。そのためには、ものづくりの3要素である、人づくり、価値づくり、物づくりのそれぞれについて、時代を見据えた目標を設定し、その目標達成に必要なプロセスを検討しなければならない。さらに、ものづくりの再構築に欠かせない考え方が、「共助」を前提にした共感、共生、共創からなる「三共の思想」である。この三共の思想は、日本人のもつ和の精神を反映した考え方である（図

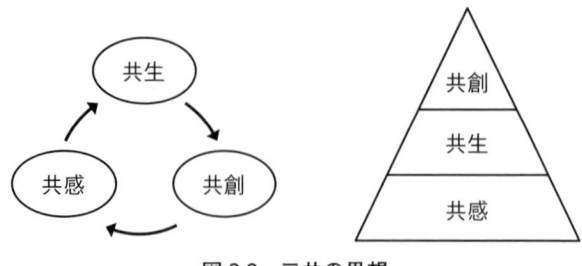

図 3.2　三共の思想

3.2)。

　共感とは、他人の気持ちである喜怒哀楽を共有することである。日本人の他人への心遣いは、共感による他者への思いやりである。今、ばらばらになりかけている現場の仲間意識を呼び戻すためのキーワードであるといってもよい。今後、あらゆる職場で人材のダイバーシティが加速するため、チームワークの原点である共感の重要性はますます増してくる。グローバル化に伴い、海外の拠点や工場の外国人とのコミュニケーションは日常茶飯事となり、国内の職場でも、女性、中途採用、熟年者、外国人といったように人材は多様化する。

　身近な人が辛い表情をしていれば、その人が辛い思いをしていることを感じるばかりでなく、自分も辛い気持ちになり、同じ感情を共有する。これは人間に本能的に備わっている能力であり、共感こそが人と人を結びつける絆である。共感からすべてが始まり、チーム、組織の中で共生が可能となり、付加価値を生む共創が成り立つのである。

　共生とは、国や言語、考え方が異なっていても、同じ組織にいる限り、それぞれの関係を保ちながらともに協力して生きていくことを意味している。共感により、人と人とが理解し合い、結びつきを強くすることで共生へと発展する。共生は、組織活動の基本であり、その質的な向上が企業活動を円滑にする。共生のために必要なことはそれぞれの組織や企業で異なるが、共生という理念のもとに企業のあり方や目標を設定することができれば、共通の問題意識がチームの中に生まれてくる。

グローバル企業として生き残るためには、共感に基づいた共生は不可欠である。異質な人間が1つの組織に集まり、理想的な共生状態を維持することができれば、イノベーションを生み出す最高の土壌となる。日本人は特に内向きの傾向があり、自分と異なる人とのコミュニケーションを不得意とするが、共生のあり方が組織の能力に大きく影響することを肝に銘じておかなければならない。

　共創は、互いに互いを尊重し合い、どちらかが一方的に働きかけるのではなく、協働して新しい価値を創造することである。ものづくりの現場では、仕事を共有しながらメンバーの強みや価値観を理解し、ゴールのイメージを共有して共創のスタートラインに立つ。この過程では、メンバーが互いに意見を出し合い、議論することで相互理解を深め、新しい価値を創造するための組織的合意を形成する。各自がメンバーの意見や考え方を尊重し、まとめることができるようになれば、共創のための意識が浸透し、イノベーションへとつながる。

　共創は、共感、共生の次のステップであるが、共創を通して各メンバー間の理解が深まり、共感が促進されれば、共生のレベルはさらに高まり、より高い価値の共創が可能となる。共感、共生、共創は、互いに影響し合い、相乗的に作用することで、ものづくりの能力はスパイラルアップする。そこに意味があるのである。

　このように、「三共の思想」は「共助」を現場で実現する考え方を示している。共感から始まり、共生を実現し、共創により新たな価値を継続的に創造する仕組みこそが、三共の思想に基づいたものづくりである。

(3) TQM活動の再生

　「三共の思想」を反映し、人づくり、価値づくり、物づくりの「自律」に基づいたアプローチから、現場の改善活動の再生をねらった次世代の改善フレームワークを図3.3に示す。このフレームワークは、従来の現場の改善活動に、「三共の思想」を取り入れて再構成したものである。「三共の思想」の枠組みにより、改善活動を阻害する環境変化を吸収し、ものづくり(人づくり、価値

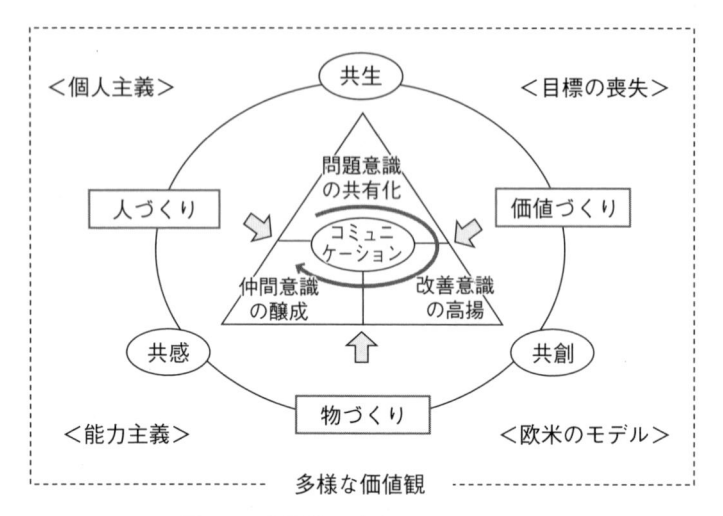

図3.3 次世代の改善フレームワーク

づくり、物づくり)の自律を図ることで現場を活性化し、新たな改善活動のパラダイムを構築する。そのためには、日本のものづくりの現実を正しく認識し、人づくり、価値づくり、物づくりのそれぞれのあるべき姿、新たな目標設定が必要である。

　人づくりにおいては、今後ますます多様化する社会への対応を考え、共生を前提にした人の育成が必要になる。ともに同じ環境で生きていくために、相手を受容することは世界共通の考え方であり、現場の問題意識や仲間意識に大きな変化をもたらす。個人主義や能力主義といった環境の変化には、人としてより高い次元を目指す教育を行うことで、共生のための深い理解を求めなければならない。

　また、職場で、問題意識の共有を図るためには、現状を適切に分析し、何がボトルネックになっているかを自分達の言葉でわかりやすく表現する必要がある。これが職場における共生の第一歩である。価値観の異なるメンバー同士が、今起きている問題の本質と問題発生のメカニズムを、誰にでもわかるように説明することができれば、共感の輪は広がり、自ずと問題意識は高まるはず

である。

　価値づくりは、問題意識を共有したメンバー同士が協力して、共創により価値を創造する活動である。共通の問題意識から、「どんな機能を実現したらよいか」ではなく、価値創造の観点から「顧客にどんな価値を提供できるか」について検討していく活動である。検討を進めるに当たっては、立場や考え方の違う人が互いを尊重し、ぶつかり合う議論が中心になるため、共生、共感に基づいたメンバー同士の理解が欠かせない。価値づくりを進めるために、共創は非常に効果的である。ただし、共感と共生の背景があってこそ、共創は生きてくるのである。

　高度成長期に、ものづくりの目標としてきた欧米の製品を、外見の機能という単純な観点ではなく、その製品の意味や顧客に与える価値について見直せば、これまでとは違う何かを発見できるはずである。製品がユーザーに与える価値、社会との関わり、そして、どのように使われて、どんな意味をもたらしているか、これまでと違う視点で検討し、新たなものづくりの目標を導き出すことがポイントである。これまでの成功体験や検討のプロセスにとらわれることなく、大胆な仮説に基づいた発想を大事にして議論を重ね、検証を繰り返すことが必要である。

　価値づくりにより、新たなものづくりの目標が設定できれば、後は物づくりである。物づくりは、価値づくりと同じように共創が活動の主体となる。共感を前提としたチームをつくり、眠っていた改善意欲を呼び覚ませば、物づくりを通してチームワークは自然と高まる。

　目標が明確に設定されれば、現状とのギャップから物づくりにおいて解決すべき課題は明確になる。この課題を一つひとつ地道に解決していけばよいのだが、現在使っている欧米のモデルでは物づくりは機能しない可能性が高い。課題を解決するために何が必要か、プロセスや技術のレベルまで遡り、目標を達成する最適な手法を選択しなければならない。ものづくりを取り巻く環境が大きく変わった今、従来の日本の改善手法や欧米の改善モデルとは異なる新たな改善の進め方を検討する時期に来ている。

これまで、欧米の製品や豊かさを目標にしてきた日本企業であったが、これからの日本企業に求められるのは、「三共の思想」に基づいて目指すべき姿を具体的に示し、その目標達成に向けて新たな価値や技術、プロセスを自ら創出する自律の精神である。次の世代に向けた人づくり、価値づくり、物づくりの目標を設定すれば、現場の問題意識や改善意識、仲間意識は自ずと高まり、コミュニケーションも活性化する。こうした活動により、かつて TQM 活動や改善活動により培った競争力を取り戻し、日本流のものづくりを再興しなければならない。

このフレームワークが機能すれば、日本人のもつ DNA、「和の精神」を取り入れた日本流ものづくりの新しい潮流を生み出せるはずである。新しいものづくりを目指し、人づくり、価値づくり、物づくりの目標を立て、三共の思想により環境変化を吸収し、欧米モデルとこれまでの日本流ものづくりの融合を図ることが、日本流ものづくりの復権の条件である。

3.4　キーパーソンとして必要とされる能力

図 3.3 の次世代の改善フレームワークは、日本のものづくりの現場の一つのあり方を示したものである。もちろん、改善活動の基本である問題意識の共有化、改善意識の高揚、仲間意識の醸成を推進することはこれまでどおりであるが、いかにコミュニケーションを活性化し、これらの意識を高めていくかが、このフレームワークを実践するうえで重要である。つまり、三共の思想を理解して、チームのメンバーに積極的に働きかけ、人づくり、価値づくり、物づくりにおいてリーダーシップを発揮できる人材が鍵を握る。

このフレームワークの考え方に基づいて改善活動を推進できる人材が、次世代を担うキーパーソンである。こうした人材には、三共の思想に基づいて、人づくり、価値づくり、物づくりにおけるあるべき姿を描く能力が求められる。そして、そのあるべき姿の中に目標を定め、世の中の流れを見極めて進むべき方向を決定し、チーム全体を引っ張っていかなければならない。しかし、この

ビジョンを描く能力、そして、そのビジョンに向けた戦略策定能力が、これまでの日本のものづくりのリーダーには欠けていた。こうした能力を身に付けたリーダーの育成が、日本のものづくりの自律の第一歩である。

ここで、あるべき姿に向かうために設定した目標と、世の中の流れの中での自分の位置を結んだ一つの軸を考える。この軸の存在は非常に重要で、軸の先には目標達成後のビジョンが描かれ、軸そのものが、これからどう進むべきかを示した戦略となっている。本書では、この軸を「自分軸」と呼ぶことにする。

次世代のキーパーソンは、この自分軸をものづくりの要素である人づくり、価値づくり、物づくりのそれぞれについて設定し、その軸に沿って、リーダーとしてチームや組織をあるべき姿に向けて引っ張っていかなければならない。それでは、こうした次世代のキーパーソンには何が求められるだろうか。必要とされる3つの能力を以下に述べる。

キーパーソンに求められる第1の能力は、自分軸の設定である。自分軸の設定には、「こうあってほしい」「こうしないとダメになる」といった心の中にある強い思いと、「なんとかそれを成し遂げたい」という情熱が必要である。

自分軸が設定できれば、次に求められるのは実践である。実践とは、すなわち自分軸に沿って目標を実現する手段を検討し、選択して実行することである。そして、世の中の大きな流れを的確に把握して時代の一歩先をいち早く予見し、卓越した成果を出し続けることである。ただし、適切な手段は簡単に選択、実現できるわけではない。人間である以上、あるべき姿を目指すことへの抵抗は多い。こうした抵抗が最小となるような手段を選択し、自分軸から大きく外れることなく、目標に近づいていかなければならない。これらの適切な手段の選択と実践が、キーパーソンに求められる第2の能力である。

そして、第3に求められるのは、自律のための能力、三共の思想により組織としての共助を強力に推進できるリーダーシップ力である。

3.5　自分軸の設定と実践のステップ

次に、具体的な自分軸の設定と実践のステップについて、その概念を図3.4に示す。

① あるべき姿の追究

まず、目指すべきあるべき姿を明確にする。世の中は、あるべき姿、すなわち「真理」に向かって進んでいると考えることができる。あるべき姿を追究することにより、世の中がどういう方向に進んでいるかを把握する。

② 世の中の流れの把握

世の中は、あるべき姿に向かって一直線に進んでいるわけではない。1つの事柄について、必ず矛盾する2つの考え方(二律背反)が存在し、その2つの考え方を繰り返しながら、あるべき姿に向かって進んでいる。例えば、自由と規制、戦争と平和、競争と共生などである。こうした考え方が、過去、現在、未来でどのような状態であったか、あるいは、どのような状態になるのかを把握

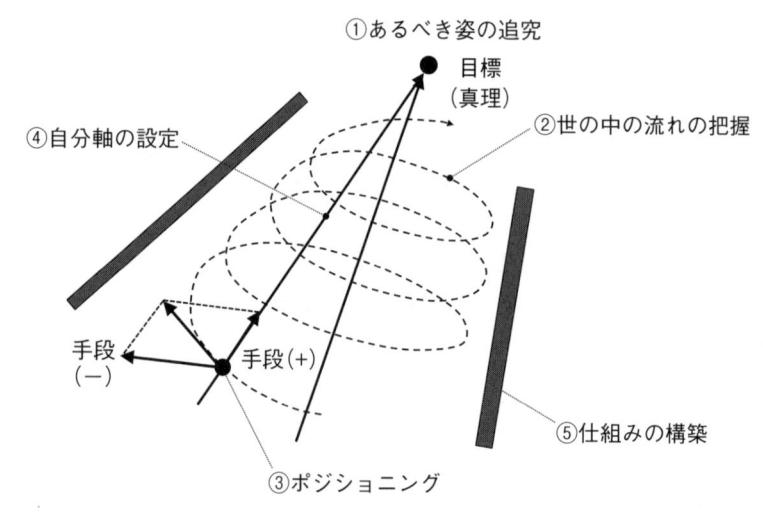

図3.4　自分軸の設定と実践のステップ

する。
③　ポジショニング

あるべき姿と世の中の流れが把握できたら、自分が今、その流れのどこにいるのかを把握し、確認する。

④　自分軸の設定

前述のとおり、あるべき姿の中に自分なりの目標を決め、その目標と現在の位置を結んだ線が自分軸であり、その目標に向けて具体的な手段を選択し、実行する。手段には、あるべき姿へ向かうプラスの要素(手段(＋))と、抵抗となるマイナスの要素(手段(－))が存在する。

⑤　仕組みの構築

自分軸に沿った手段を実行していく中で、誤った判断により世の中の大きな流れから逸脱するのを防ぐ仕組みをつくる。この仕組みにより自分自身の行動に歯止めをかけ、自分軸から大きく外れるのを防止する。これにより、大きな失敗を回避する。

以上の①から⑤までのステップは、次世代の改善フレームワークの中の人づくり、価値づくり、物づくりを具体的に実践するための考え方である。ものづくりが自律した考え方に従って動き出せば、職場の問題意識、改善意識、仲間意識は高まり、コミュニケーションが活性化し、現場の能力は向上する。そして、その効果はものづくりに反映される。さらに、自律の概念に加えて三共の思想(共感・共生・共創)に基づく組織的な活動を浸透させれば、日本のものづくりは明るい将来に向けて大きく舵を切ることができるであろう。

第4章

人づくり

本章では、「人づくり」の根本となる「自分づくり」について、筆者（今枝）の体験を通じて述べる。まず「自分史」について紹介し、次いで、「自分づくり」体験を通じて、「人(自分)づくり」における「動機・目的」と「手段・内容」はいかにあるべきかを、「自分軸の設定と実践のステップ」により明らかにする。

4.1 「自分づくり」——自分史

(1) 入社前——夢とロマンを求めて

1974年3月、私は地元の愛知県にある名古屋工業大学を卒業し、同年4月、日本電装株式会社（現在の株式会社デンソー、以下、日本電装）に入社した。就職先として日本電装を選んだ理由は3つあった。第1に、私は長男であり、地元の企業に勤めたいと思っていたためである。第2に、大学の事務室で見た会社案内に惹かれたからである。そのパンフレットで目に飛び込んできたのは、「青年企業」というキャッチフレーズだった。何か自分がやりたいことがあり、それを提案すれば、その夢を実現させてくれる、そんな自由闊達な雰囲気がこの会社にはあると感じさせてくれた。

私がそう感じたままのこんなエピソードがある。それはある日、おばあさんが川で洗濯板に衣服を叩きつけて洗っているのをある社員が観察していたときのことである。その社員は、おばあさんの洗濯の方法から、電装品のモーターを使い、遠心力で叩きつけて洗濯する機械の製造を思いつき、会社に提案した。するとその案が採用され、それが世界初のドラム式洗濯機となったのである。このドラム式洗濯機は、既存の洗濯機メーカーを抑え、後発ながら日本ナンバーワンのシェアにまで実績を伸ばした。このように、実際に日本電装という会社には、私が感じたままの自由闊達で、チャレンジ精神に富んだ雰囲気が満ち溢れていた。

第3に、日本電装に入った先輩から、日本電装には10年先を見る人がいると聞いたからである。当時、生産技術部に在籍し、後に副社長となった青木勝雄氏は、将来必ずカーエレクトロニクスの時代がくると予見して、自動車業界

としては世界初のIC準備室を立ち上げ、その後もロボット準備室の開設など、次々と新しいことに取り組まれていた。そんな青木氏に、強い憧れを抱くようになっていったのである。

　これらの理由で就職先を選んだが、もともと高校時代は数学と物理が好きだったため、技術関係の仕事か、もしくは教師になりたいと思っていた。しかし、とりあえず工業大学へ行こうという単純な動機でスタートしており、特別、幼少時からプラモデルや機械が好きだ、車が大好きだ、手先が器用だなどといったわけではまったくなかった。大学に入って機構学に興味をもち、特に東京工業大学の故浅川権八博士の『機械の素』という本から、非常に強い刺激を受けた。いつか自分も、自分なりの何かを創りたいという強い動機が、この本によって芽生えたのだった。この「自分なりの考えをもちたい」「自分ならどう考えるか」「神様なら何が正しいと考えるだろうか」という考え方が、今でも私の信条として身についている。このような夢とロマンをもって、日本電装に入社したのだった。

(2) 入社後——世界一のライン・世界初の製品を目指して

　人事との面接では青木氏に惹かれたため、高い生産性と高い品質を実現するための新加工技術、新生産システムを研究する部署である、生産技術部工程研究1-1課への配属を願い出て、幸運にも認めてもらった。さらにありがたいことに、青木氏(当時専務)以外にも、周りにはいずれも卓越した実績をもつ花の係長と謳われた7人の大先輩がいた。事業部の担当役員とも対等に話すような逸材揃いだったため、働く環境としては最高だった。そこで私は、「今枝、世界一のラインをつくれ」と命じられ、奮い立った。努力の甲斐あり、5年越しで開発に成功した自動車用小型リレーが世界シェア1位となり、また、40代からの技術部室長、部長時代には、職場の仲間とともに、ブレーキ技術関連で世界初製品の開発に2つかかわることができた。

　入社以来、自分の心構えとして、常に自分のグループを1つの会社と考えて行動しようと努めてきた。係長になって部下が5人ついたときには、5人の会

社の社長のつもりで、また課長時代には20人の会社、室長時代は50人の会社、部長時代は150人の会社の社長、というように考えていた。そのために、時代の先を見る「先見性」、最後は自分で決める「決断力」、そして、いざとなったら自分で油の中に手を突っ込んででも実行できる「実行力」の3つの条件を磨くことを意識した。この3条件のどれかを誤れば倒産することになる。そのすべての責任は私にあると覚悟して、常に全力を尽くしてきた。

　また私が新入社員の頃には、配属先の係長の机の上に置いてあった、電通中興の祖と謳われる故吉田秀雄社長が制定した「鬼十則」を読み、私の心にドーンと火が燃え盛ったことがあった。すぐにその内容を書き写して独身寮の壁に貼り、心にしっかりと留めて、よく自分を鼓舞していた。「仕事は自分から創るべきで、与えられるべきではない」から始まる10項目を意識して、常に主体的に仕事に取り組んでいたのである。毎朝、これを反覆熟読していると、不思議と自分がそのようになっていくのが感じられた。それは、イメージトレーニングの域であったかもしれないが、そのおかげで、立ちはだかる壁に負けずに常に全力投球することができ、その結果、まさに「百戦百勝」の会社生活を送っていたのであった。

(3) 顕わになったほころび[9][10]

　しかし技術部長時代の40代の終わりに、鼻っ柱をへし折られるような出来事に相次いで見舞われた。私は昔風の人間であるため、男は外で仕事さえやっていればすべて許されると考えていた。そのため、家のことはすべて女房任せで、缶切りの置き場所一つわからないありさまだった。しかし、その影で彼女は、4人の子育てでいろいろ悩み、一人で耐えていた。家庭を顧みない私には、とてもそういうことを話せる雰囲気ではなかったと思う。よっぽど辛かったのだろう、ある日家に帰ってみたら、散らかった部屋の隅に放心状態で座っていて、「しばらく家を出たい」と告げられた。精神的にかなり追いつめられている様子だった。1998年のことである。

　当時、三男はまだ中学生、末の娘は小学生だった。その日から、朝は4時半

に起きて朝食と弁当づくり、技術部長の仕事の傍ら定時後は買い出しをして家族の夕飯づくり、食べ終わったら家事、という生活が始まった。少し時間を置き、冷静になれば、女房も戻ってきてくれるだろうという淡い期待があったが、彼女の心の傷は深く、いくら待っても私のもとに帰ってはこなかった。

また、2001年頃になると、今度は職場の人間関係までおかしくなっていった。それまで仕事では百戦百勝で、なんでも思いどおりになると思っていた。トヨタグループの再編で新会社ができ、その関係で精力的に新しいこともやっていたが、上司である役員との関係がぎくしゃくしてきたのだった。信念をもって仕事をするあまり、能力に溺れ、自分はすべて正しいと思い込んでいた。そのため、上に報告もせずに、自分で決めてどんどん前へ進んでいた。相手にしてみれば、さぞかし気分が悪かったことだろう。現在では何のわだかまりもないが、あの頃は自我が強過ぎた。女房に対する接し方と同様、とにかく自己中心的で、相手の気持ちがまるで見えていなかったのだ。

私と役員の関係がおかしくなると、当然のことながら、部下はみんな離れていった。それでも仕事はきちんとやらなければならないので、ずいぶんと思い悩んだ。そのような状況の中、とうとうダメ押しともいうべき事態に直面したのだった。

(4) 両親からもらった命

2002年のことである。前年からグローバル戦略を担うようになり、息をつく間もなく海外を飛び回る生活が続いたため、疲労から不整脈を起こし、出張先のタイで倒れてしまったのである。そして、幸い体調はすぐに戻ったが、発作の恐怖から、寝るとそのまま死んでしまうのではという思いに駆られ、眠れなくなってしまったのだ。医者からしばらく会社を休むように言われて従ったが、それまで仕事にすべてを注いできた私には、とてもショックだった。2カ月後に何とか職場に戻ったが、思うように仕事に集中できず、午後になると会社の敷地内を歩くなどして気持ちを切り替えていた。体力、気力、知力、いずれも萎えてしまい、本当にどん底の状態だった。かつては将来を嘱望された身

であったことを思うと本当に惨めで、もう会社を辞めなければならないと思い詰めていた。そんなときに私を救ってくれたのが、両親の存在だった。

　タイで倒れた翌年の夏の休暇に故郷の両親を訪ねると、食事を摂れずガリガリに痩せた私を見て、ずいぶんと心配してくれた。問われるままに心の内の苦悩を打ち明けたところ、「誠、あんたはこれまで感謝の心で人に何かしてさしあげたことはあるのかね」と母が言った。意外な母の言葉に、それまでいかに仕事に邁進し、会社に貢献してきたかを懸命に訴えた。すると、そんな私の訴えは途中で遮られ、「そんなこと当たり前じゃないの、給料をもらっているんでしょう」と、母から一喝されたのだった。「本当に感謝の心があるなら、1度でも朝一番に会社に行って、皆さんの机を拭いてあげたことはあるの」という一言には、目が覚める思いだった。それまで、周囲で支えてくれる先輩や部下に、感謝の念を抱いたことはなかった。頭の中では理解していたが、心でわかっていなかったのだ。この母の言葉で心の霧がスッと晴れ、気持ちが楽になった。何か立ち直っていくわずかな光を見つけた思いだった。

　その年の暮れに父が亡くなった。通夜から葬式まで、線香を絶やさないようずっと起きていたが、葬儀が終わった途端に、安堵と疲れで倒れこむように眠ってしまった。すると、それをきっかけに睡眠薬を飲まなくても眠れるようになり、心身ともに徐々に回復に向かったのだった。それはきっと、父が私を救ってくれたのだと思っている。そして、あるきっかけによって、ようやく食事ができるようになったのだった。

　その日は、いつもどおり三男と一緒に近くのファミリーレストランへ昼食を食べに出かけた。スパゲティーを注文したのだが、食べるという意欲がわかず、食べられずにいた。そんな時、ふと、3年前の三男の交通事故のことを思い出した。

　朝、通学するために東岡崎駅でバスを降り、名鉄電車に乗り換えるために道路を横断した際に、車に跳ねられたのだった。幸い大事には至らず、鎖骨の骨折だけで済み、若さからあっという間に回復した。「そうだ。もし、あの交通事故で三男が命を失っていたら、こうやって一緒に食事することもできなかっ

たのだ。ああ、本当によかった。一緒に食べられてありがとう」と感謝の気持ちをもった瞬間、今まであんなに食べられなかったスパゲティーを、ペロリと食べられたのだ。こうして、両親と子供に助けられ、徐々に回復に向かっていったのだった。

どん底から「感謝」という言葉の光を教えられたが、しかし、私自身の「心」で感じることはできても、「頭」で納得できるまでには至っていなかった。何のために生きているのか、何のために仕事をするのか、何のために勉強するのか、私の基本原則がはっきり摑めていなかったのだ。何か確かなものにすがりたいという思いに駆られ、書店で見つけた親鸞聖人の解説本である高森顕徹氏監修の『なぜ生きる』を隅から隅まで読みあさったりもした。そして、少しずつ何とか自分の存在が見えかけてきたとき、スティーブン・R・コビィー著の『7つの習慣』[11]の中に描かれていた1つの図に出会い、意識がそこへと惹き込まれた。それは、「原則中心」の図だった(図4.1)。

そこには、「お金、仕事、所有物、遊び、友達、敵、宗教組織、自己、配偶者、家族、これらについての自分の原則が大切である。原則を生活の中心に置くことにより、周りのすべての事柄がバランスよく見えるようになる」と書いてあった。では、「自分の原則はなんだろうか？」新たな疑問がわいてきたのだった。

この答えを求めて、あっちこっちの書物を片っ端から読み、孟子の「告子上編」の「天爵を修めれば、而して人爵之に従う」に行き着いた。天爵とは天から授かった位のことで品性に相当し、人爵とは人間の位すなわち学力、知力、金力、権力、技術、体力に当たる。自分の人間性である天爵、すなわち品性を磨くことが生きる目的であり、その結果として、人爵としての人間の位が決まると書いてあったのだ。この言葉に出会い、自分自身の原則がはっきり見えてきた。「人生の目的は自己の品性向上とし、このために感謝の心、思いやりの心、自立の心をもち、恩に報いるべき、自分のできることで人の役に立たせてもらう」。そう考えたとき、すべての霧が晴れて、自分の中心に芯棒が通った思いがした。

幸い、入社以来、生産技術部での多種中小量リレーの合理化研究、事業部で

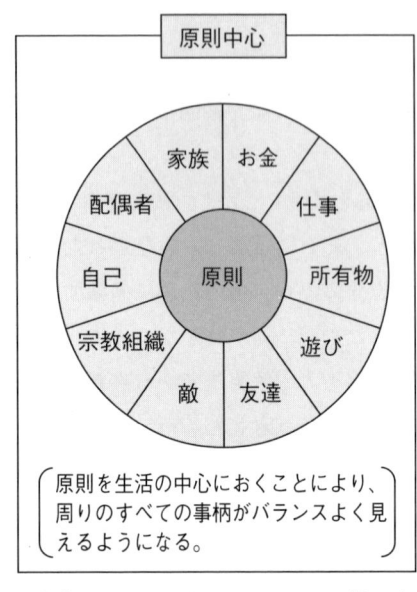

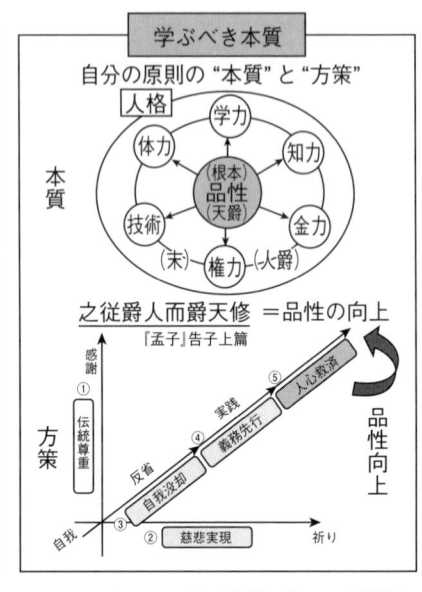

出典：スティーブン・R・コヴィー著、ジェームス・スキナー、川西茂訳：『7つの習慣』、
キングベアー出版、p.173、2000年をもとに筆者が作成

図4.1　原則中心

のセンサ、アクチュエータの技術企画、技術部部門での世界初の安全商品の開発、実用化、経営企画室でのグローバル戦略展開、電気特定開発室でのエネルギーマネジメント研究など、幅広い分野を経験させていただいたことから、これまでの蓄積をもとに、後進の指導育成に当たりたいと考え、自ら希望し、2005年にデンソー技研センターへ異動させてもらった。一日中立ちっぱなしで体は相当きついが、講義を通じて一人ひとりが成長していく姿に触れる喜びは、何ものにも代え難いものである。技術研修本部長として、この研修センターを統括する役割もあったが、やはり自分で研修プログラムをつくり、後輩たちにじかに語り掛けるのが一番楽しいし、やり甲斐を覚えた。講義としては、これからはモチベーションとイノベーションが重要だと考え、「デンソーの歴史に学ぶ技術者スピリット」と題して、創業から今日に至る歩みを振り返り、会社の理念やスピリット、先輩達の思いを再確認して価値観を共有する研

修と、「事業商品開発の基礎」と題して、みんなでミッションとビジョンを共有し、新しいコンセプトを価値創造する研修の2つを立ち上げた。

　しかし、いくら学んでも、会社は会社、自分は自分というように遊離したままでは、せっかくの学びが各人の成長や日々の業務に生かされない。そこで、個人的な失敗談も交えた私の歩みを話して、一つのビジネス人生を疑似体験してもらい、それを踏まえ、一人ひとりが何のために働き、何のために生きるのかを考えてもらう研修方法とした。ありがたいことに、私の体験談に涙して、「感謝の大切さを学びました」といった嬉しい感想を寄せてくれる社員もいた。このような研修によって一人ひとりのモチベーションを高め、会社にイノベーションをもたらす人材の育成を目指している。

(5) 心遣いを変えれば人生も会社も変わる

　そんな充実した毎日に感謝していた2005年の7月に、膀胱がんの宣告を受けた。精神的な試練に続いての肉体的な試練である。大変ショックを受けたが、母のおかげで感謝という心の拠り所があったことは、本当に大きかった。その年の10月に手術を受けたが、おかげさまで無事終えることができた。手術前の9月26日に母が父のもとへと旅立ったが、がんのことは内緒にしていたので、知らないままに逝った。母が身代わりになって私を救ってくれたと思えてならなかった。父と母のおかげで今があると思っている。それぞれの命と引き換えに私の人生に転機をもたらしてくれたのだ。2人の遺影には、朝晩欠かさず手を合わせている。

　初期の膀胱がんだったが、再発率は50％と言われ、2005年から4回再発して、5回手術を行った。術後、3カ月ごとに定期検診を受けているが、決してオーバーな言い方ではなく、これでまた次の検診まで3カ月、命をいただいた思いでいる。おかげさまで、一日一日を本当に大切に過ごさせていただけるようになり、むしろ病気に感謝しているくらいである。もちろん体調には気を配っているが、よい精神状態を保てている。周りの皆さんに支えていただいているおかげで今があるのだと思っている。

膀胱がんの手術をして病室に戻ったとき、同じ部屋の3人の方から「今枝さんはいいね」と言われた。「手術が受けられるし、いずれ退院できるから」だと。残念ながら、そのうちの1人は3カ月後にお亡くなりになられた。

　自分は膀胱がんになったが、まだこうして仕事をさせてもらえる。そう思うと感謝で心は満たされ、生きている間に少しでも世のため、人のためにお役に立ちたいと思うようになった。マイナスの心も、このように感謝の気持ちをもつことでプラスに転じることができる。私の心が変わったからなのか、けじめをつけるため、別居して3年後に正式に女房とは離婚していたが、2009年の4回目の手術のときに見舞いに来てくれ、それから毎週末には一緒に夕食を過ごすようになった。そして、2010年の2月には家族揃って北海道旅行にも行き、遂にはその年の12月に、12年ぶりに復縁した。以前の自信過剰で、自己中心的な自我の心から、感謝の気持ちをもち、周りの幸せを願って自分が役に立とうという気持ちに心遣いを変えたとたん、家庭でも、職場でも人間関係がよくなった。心穏やかで、体調もよく、毎日が大変充実している。こうした体験を通じて今、心が変われば人生も変わることを確信している。

　ここまで述べてきた自分史についてまとめる。まず「動機・目的」の部分では、人間性の向上を忘れて仕事の成果のみを追求し、また「手段・内容」の部分では、仕事中心、自己中心、傲慢不遜の生活となり、結果として四面楚歌のどん底に落ちた。「動機・目的」も「手段・内容」も誤ったのである。そこで目が覚めて、自分の心遣いを変え、品性向上を第一義とし、感謝の心・思いやりの心・自立の心を勉強しながら、仕事、家庭、地域社会、若干のプライベートとのバランスをとる生活を心がけて実践した。その結果、仕事、家庭、人間関係、健康問題のすべてがうまく回り、とても幸せな人生を経験している。次に、「人(自分)づくり」における「動機・目的」および「手段・内容」はどうあるべきか、そして、具体的にどう進めるべきかについて、自分軸の設定と実践のステップで明らかにする。

4.2 「人づくり」における自分軸の設定と実践

(1) あるべき姿の追究——品性向上した幸せな姿

　前章で、あるべき姿の追究とは、すなわち「真理の追究」であると述べた。「真理」とは、「正しい道理。だれも否定することのできない普遍的で妥当性のある法則や事実」(『大辞林』)である。また「道理」とは、「物事の正しいすじみち、また、人として行うべき正しい道」(『大辞泉』)のことである。したがって、「人として行うべき正しい道」の姿を求めるためには、「人としての正しい考え方、心遣い」を明らかにする必要がある。

　1974年に男のロマン、大きな仕事の夢をもって日本電装に入社して以来、今まで一貫して高い志と高い目標を掲げ、一生懸命仕事力を磨いてきた。しかしながらその間に、百戦百勝という仕事の成功に伴い自信過剰となって、自己中心、傲慢不遜となり、ついには、仕事、人間関係、家庭、健康についての四面楚歌状態に陥ったのである。幸い、両親、友人らの周りの人達に助けられ、これまでの考え方、心づかいを猛反省し、「心を磨く、感謝して人の役に立つ、人間性、品性向上を自分の目的としよう」と考え方を変えた途端に、仕事、人間関係、家庭、健康のすべてがうまく回るようになり、「今が最高に幸せな時」と実感できている。

　このことから、「人としての正しい考え方、心遣い」とは「品性向上」であり、その目指す姿は、自己満足でもなく、自分と相手とのWin-Winでもなく、近江商人の言葉にある「売り手よし、買い手よし、世間よし」の「三方善」、すなわち、「みんなが幸せとなる姿」であるといえる。

　また、マズローの欲求5段階説(図4.2 a))では、人間の自己成長を図るプロセスが示されており、その5段階目には「自己実現」の姿を、さらに晩年マズローは、究極の姿として「自己超越」の姿を提案している。この姿は、まさに「聖人」の域に達しているといえる。また、スティーブン・R・コヴィーは『7つの習慣』の中で、人間の成長過程(図4.2 b))は依存から自立、そして、最後

図 4.2 人間の行動理論

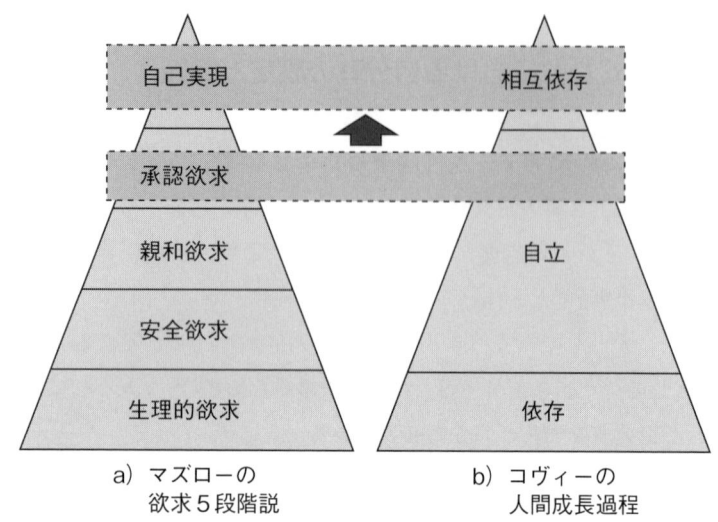

a) マズローの欲求5段階説
- 自己実現
- 承認欲求
- 親和欲求
- 安全欲求
- 生理的欲求

b) コヴィーの人間成長過程
- 相互依存
- 自立
- 依存

出典：野村総合研究所編著：『経営用語の基礎知識(第3版)』、ダイヤモンド社、2008年をもとに作成

は「相互依存」であると書いている。以上のことから、「人づくり」のあるべき姿とは、考え方、心遣いを正しくし、「人間性を高めた人としての幸せな姿」とすることであるといえる。

(2) 世の中の流れの把握——人間の欲求が原動力

前章で、世の中の流れはあるべき姿に一直線に進むのでなく、1つの事柄に対して反対の考え方、すなわち「正」と「反」を繰り返しながら、あるべき姿に向かって進んでいると述べた。ここでは、「人づくり」についてのあるべき姿に向かう流れについて考える。

あるべき姿に向かっての流れを把握するためには、人としてのあるべき姿に向かってのステップを明らかにすることが重要である。したがって、人間の欲求に基づくマズローの5段階欲求説が適用できると考える。

図4.3に示すように、まず、第一段階としては、人間としての欲求である「生理的欲求」という事柄によって、「反」である「病気・死」から、「正」である

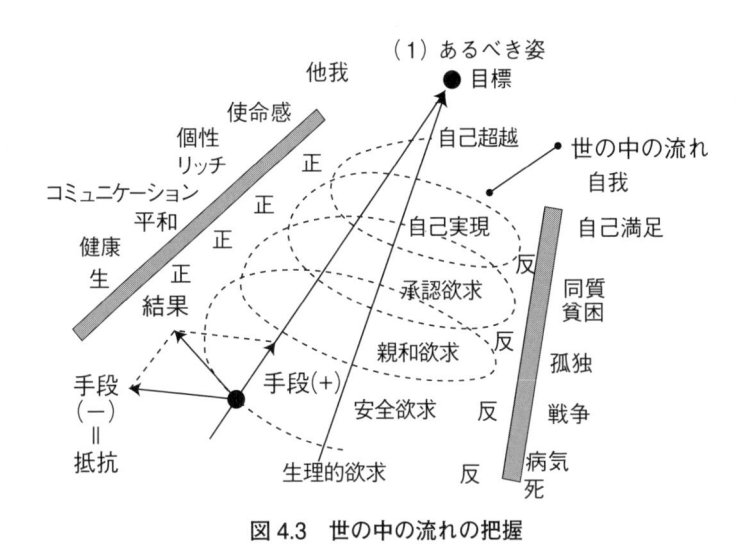

4.2 「人づくり」における自分軸の設定と実践

図 4.3　世の中の流れの把握

「健康・生」を求める流れが生じる。次に、それが満たされると、第二段階として、「安全欲求」によって「戦争」から「平和」を求める流れが生じる。また第三段階では、「親和欲求」によって「孤独」から「コミュニケーション」を求める流れが、さらに第四段階として、「承認欲求」により、「貧困・同質」から「リッチ・個性」を求める流れが生じる。そして第五段階として、「自己実現」によって「自己中心」から「使命感」を求める流れが生じる。マズローは、晩年になって、この5段階層の上に、さらにもう一つの段階があると発表した。最終の第六段階として、「自己超越」によって「自我」から「他我」を求める流れである。この到着点が、あるべき姿である「人間性を高めた人としての幸せな姿」であるといえる。

このステップを踏んでいく有様を日本の歴史という大きな流れの中で見てみると、「生理的欲求」で始まる原始時代から、「安全欲求」である縄文・弥生時代、また「親和欲求」である大和朝廷の時代、そして豊臣秀吉による天下統一後は「承認欲求」、さらには現在過渡期である「自己実現」となる。まさに、日本発展の時代の変遷を表しているともいえる。以上のことから、「人づくり」

の流れの把握は、「マズローの欲求説」のステップで捉えることができる。

(3) ポジショニング——自分の実力を知る

次に、上述したあるべき姿に向かう流れの中でのポジショニングについて、筆者自身の体験を通じて述べる。筆者が社会人となった1974年は、1973年のオイルショックによる狂乱物価により、1955年から続いてきた高度成長期（GDP伸び率9.1％）に終わりを告げ、安定成長期（GDP伸び率4.2％）に突入した時代であった。そして、1990年まで続いた安定成長期も1991年のバブル崩壊によりゼロ成長期に入り、2008年の世界的な金融危機を体験して、現在は失われた20年といわれる時代にある。

筆者の会社生活35年を通じての時代の主流をマズローの五段階欲求に照らしてみると、「承認欲求」の時代であり、物質的な豊かさを求める時代であった。この間、筆者自身も一貫して高い志と男のロマンを求め、仕事力を磨いてきたが、結果的に「過度な自我の欲求」により、自己中心、傲慢、不遜となり、「人間性の向上」を忘れ、失敗を体験したのである。そして、自己反省により立て直したのである。

この35年の間に学んだ重要な点は、理想の姿を意識した中で、冷静かつ客観的に現場・現物・現実を直視して自分のポジションを位置付けることと、自分の実力を正しく把握することである。

(4) 自分軸の設定

あるべき姿を明らかにして、そこに向かう流れを把握し、その中で自分のポジショニングをした後は、いよいよ自分軸の設定を行う番である。自分軸の設定とは、大きく分けて、①あるべき姿の中に自分としての理想の姿を設定すること、②その理想の姿を達成するための手段・内容を検討することである。

1) 自分としての目的の設定——人間力・技術力・マネジメント力

世界一の製品、世界一のラインを実現するという高い志と夢をもって、その実現のために、「優れた技術力と優れたマネジメント力を養う」ことが、当初

の筆者の目的であった。しかしながら、一時の仕事の成功とは裏腹に、やがて仕事、人間関係、家庭問題、健康問題の四面楚歌に陥った。

　このことを自己反省するとともに、技術力、マネジメント力以前に、人間力である「自分の品性向上」を図るという新たな目的をもって、出直したのである。あるべき姿として「品性向上した姿」になることを主としながら、時代の流れのニーズを捉え、モチベーションとイノベーションについて自分を磨き、人財育成に携る者としてNo.1を目指すことが現在の筆者の目的である。

2) 自分としての理想の姿の設定──人間性を高めた幸せな姿

　自分の理想の姿として、仕事に対して夢と高い志を抱き、輝かしい業績、技術力、マネジメント力、先見性、決断力、実行力をもった社内トップの大先輩達にあこがれ、いつか自分もそうなりたいと願い、これを目標に努力した。その結果、1つの世界一シェア製品と2つの世界初製品を仲間と築き上げることができた。しかしながら、やがて四面楚歌の不幸のどん底に陥った。自分づくり、人間づくりにおいて、あるべき姿を間違えたのである。正しいあるべき姿を描くには、「技術力とマネジメント力を磨いた姿」だけにとらわれず、現状の考え方に対し、次元を超えた、例えば人間の欲求の観点からマズローの5段階欲求説で考えたり、技術力、マネジメント力に対し、人間力という別の切り口から見る必要がある。また、人間の構成要素を「技」だけでなく「心」「体」という別の観点から見たり、知徳一体という言葉があるが、「知」だけでなく、「徳」という観点から検討することも必要である。そして、自分の失敗体験から自己反省し、理想の姿として、人間性を向上させ、仕事も人間関係も、家庭も健康も、すべてうまくいっている「自分としての幸福な姿」を描くのである。

3) 手段・内容の検討

① 自分づくりの実践──「心」と「頭」の両者を磨く

　次に、理想の姿を実現させるための手段・内容について考える。例え「自分の品性力を向上させ、仕事も人間関係も家庭も健康もすべてうまくいっている幸せな姿」を自分の理想の姿として描けても、具体的にどういう手段で実現するかは、非常に難しい問題である。まして、さまざまな問題から現実に自分が

四面楚歌に陥っている場合は、自分の品性力を向上させる姿など、とても考えられるものではない。一旦陥った四面楚歌の状態から、どうすれば抜け出すことができ、どうしたら品性向上の理想の姿に向かって進むことができるかは、「人づくり」、すなわち「自分づくり」における最重要課題である。

　「心」の中に「感謝」の気持ちをもつことができると、自分の品性力を向上させる姿を描けるようになる。そして、「感謝」という言葉が頭の中でも理解できると、自分の生き方、自分の原則を考える余裕も出てくる。筆者の場合は、スティーブン・R・コヴィーが『7つの習慣』の中で著した人間の成長過程の図と、孟子が「告子上篇」で述べている「之従爵人而爵天修」に出会い、「自分の生き方、自分の原則は品性向上を目指そう」と決めたのである。

　しかし、品性の向上を図っていくための手段・内容を考え、実践していく過程では、「心」と「頭」、「感情」と「理性」、「道徳」と「知恵」、「行動」と「反省」などの、相対する2つの要素を兼備した「人間としての納得感」が必要であった。この納得感があってこそ、初めて自分の腹に落ちるのである。「情理円満」「知徳一体」「心技一体」の言葉は、まさしく相対する2つの要素の一体感を意味している。このことは、人間として授かった大切な要素を無駄にせず、状況に応じて適切に使い分けてこそ、理想の人間像に向かって進むことができるということを意味している。

②　どん底からの脱出法──自分のパワーの源泉を知る

　世間では「悩み」からの脱出方法として、「マイナス思考をせずにプラス思考をすればよい」とよくいわれているが、筆者の体験では、どん底まで落ち込んでいるときは、とてもプラス思考をする余裕はない。ではどうすればよいか。自分が何も考えられなくても、少しでも自然と元気が出るパワーの源泉に自分をもって行くことができれば、どん底から抜け出すわずかな光を見出すことができる。そのためには、日頃から自分がどういったときに元気になって、力が湧いてくるのかを自己認識しておく必要がある。このパワーの源泉は、人によって千差万別である。筆者の場合は実家の両親だったが、運動で汗を流すとき、旅行に出かけるとき、美味しい物を食べるとき、寝てしまうと元気にな

るなど、自分が過去体験した最も元気が出る状態に、意識的にもって行くのである。その状態になると、ほんの少しの余裕ができ、初めて周りのことを考えることができるようになる。その状態になってこそ、プラス思考ができるのである。自分にとってのパワーの源泉となる「駆け込み寺」を知っておくことは、絶対に必要である。

また、インドのヒンズー教の教えに心の七変化(図4.4)というものがある。心が変われば最後は人生が変わるというものだが、筆者の場合、すぐに心を変えることはできなかった。まず、駆け込み寺へ飛び込んだら心が少し元気になり、少し冷静に頭で考えられるようになった。そして、少し冷静に考えられるようになると、たとえ現在の自分が辛くても、最悪の状態を想定すれば、今は幸せなのだと思う感謝の気持ちをもってスタート台に立つことができた。そこから感謝に報いる、命を無駄にしない、人のために役立とうという報恩の気持ちになれ、はじめて心を変えることが実感できたのである。

以上述べてきた一連の自分づくりの実践ステップを表4.1に示す。

③ 人間を理解する——人間の欲求のプラスとマイナス

マズローの5段階欲求説では、人間の心はすべてプラス思考で展開されているが、現実的には、昨今問題となっている、うつ病や自殺などのマイナス思考も考慮する必要がある。図4.5に整理してみた。このマイナス思考をプラス思考に変えるには、パワーの源を知っておくことが重要である。駆け込み寺を通じて実感した大きな人類社会からの愛と恩恵、そしてその愛と恩恵に対する感謝が、「生きる力」の原動力になると痛感している。

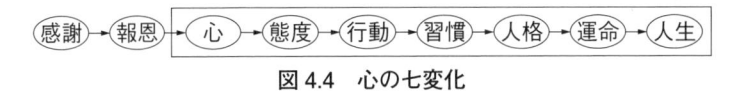

感謝 → 報恩 →〔心 → 態度 → 行動 → 習慣 → 人格 → 運命〕→ 人生

図4.4 心の七変化

表4.1 自分づくりの実践ステップ

元気を出す	感謝の理解	感謝の実感	品性向上の理解	推進活動
自分のパワーの源泉	最悪の想定	感謝の体験	品性向上の理屈	実践と反省
体験イメージ右脳 →	理屈で理解、左脳 →	心で感じる、右脳 →	道徳科学、左脳 →	右脳、左脳
心	頭	心	頭	心と頭

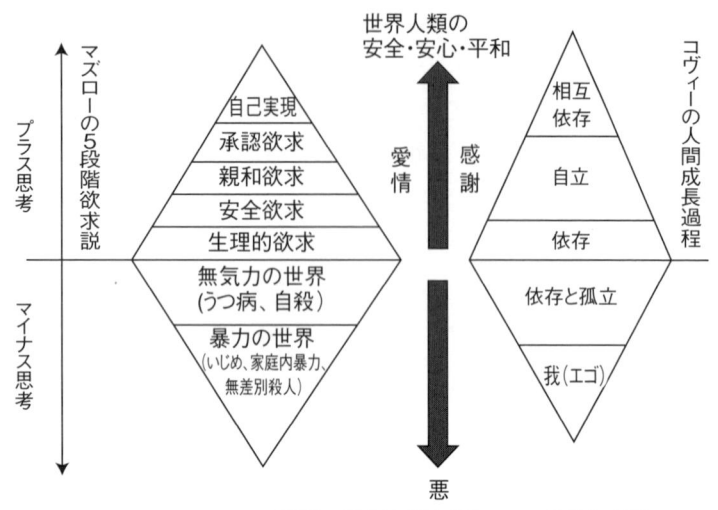

```
                      世界人類の
                      安全・安心・平和
                           ↑
         ┌─────────┐              ┌─────────┐
         │  自己実現  │    愛  感    │  相互    │
         ├─────────┤    情  謝    │  依存    │
マ プ     │  承認欲求  │              ├─────────┤  コ
ズ ラ     ├─────────┤              │  自立    │  ヴ 人
ロ ス     │  親和欲求  │              ├─────────┤  ィ 間
ー ス     ├─────────┤              │  依存    │  ー 成
の 思     │  安全欲求  │              ├─────────┤  の 長
5 考     ├─────────┤              │依存と孤立 │     過
段        │  生理的欲求│              ├─────────┤     程
階        ├─────────┤              │  我(エゴ) │
欲   マ   │無気力の世界│              └─────────┘
求   イ   │(うつ病,自殺)│
説   ナ   ├─────────┤
     ス   │  暴力の世界│
     思   │(いじめ,家庭内暴力,│
     考   │ 無差別殺人)│
          └─────────┘
                           ↓
                           悪
         現代の社会問題を救うのは　愛情と感謝
```

図4.5　人間の欲求のプラスとマイナス

　以上をまとめてみると、「人づくり」は、まず「自分づくり」であり、理想の姿（ビジョン）である品性の向上を図る手段としては、倫理・道徳を学び、実践することである。そのアプローチとしては、「心」と「頭」、「感情」と「理性」、「思い」と「行動」、「行動」と「反省」の、相反する要素を繰り返し実践し、レベルアップを図っていくことである。このことにより、心の七変化で述べられているように、心の変化から始まり、態度が変わり、行動が変わり、習慣が変わり、人格が変わる。これではじめて、自分の品性が変わったといえ、その結果、運命が変わり、幸せな人生に変わるのである。

4）自分を成長させるストーリー

　ここまで、あるべき姿の追究、あるべき姿に向かう流れの把握、自分のポジショニング、そして自分軸の設定においての目標、具体的な手段の検討について述べてきた。つまり、自分を中心に見てきたわけだが、次は、他との比較において、自分の案がベストな選択であるかを検討し、必要であれば見直して反映し、最良の案に近づけることが必要である。なぜなら、一生懸命自分軸の設

定と実践をしても、自分の案にこだわるあまり他の良い案を見過ごす可能性があるからである。そのため、自分の目標を実現させるためには、他との比較、他に対して自分の最終案がベストな意思決定であることを確認しなければならないのである。他と比較して考えるときの重要な点は、①誰と比較し、②何を比較し、③どうやって意思決定したらよいかということである。すなわちこれは、自分を成長させるストーリーにおける競争戦略である。以下、この点について述べる。

　① 学ぶべき先生について──すべて先生、すべてを学ぶ

　まず、①「誰と比較し」、②「何を比較するか」という、学ぶべき先生について取り上げる。筆者の場合の先生は、技術者としての目標であり憧れでもあった青木氏をはじめ、数多くの偉大な実績を挙げられた会社の大先輩の方々、社外で出会ったその道のプロフェッショナルの先生達、そして、人生に迷った時に愛情の光を差し込んでくれた両親、励ましてくれた数多くの友人、さらには、人生の生き方を教えてくれた先人達の知恵であった。筆者を取り巻くすべての人のおかげで、今の自分が存在していることを痛感している。

　「誰と比較し」とは、「自分を取り巻くすべての人」である。比較相手は競争相手であり、先生であり、師である。この考えをもっと広義に解釈すれば、人に限らず自分を取り巻くすべての大自然、万物が比較相手であり、師であるといえるのである。

　次に、「何を比較するか」について考えてみる。筆者の目標である人間力、マネジメント力、技術力の観点から、マクロ的な見方で振り返ることにする。入社時には世界一の製品、世界一のラインを目指す技術力に憧れ、管理者の立場になってからは組織とグローバル競争のマネジメントを追究し、さらに、人生の挫折を経験してからは人間力を学び始めた。そしてその都度、それぞれの観点において自分と比較することにより、1つずつ勉強してきた。しかしながら、もし自分が入社時からこの3つの力を同時に学ぶことを意識して実行してきたら、もっと以前に先人の素晴らしい知恵が吸収でき、自分自身の人間力、マネジメント力、技術力の一層の向上も図れたに違いないと思っている。特

に、すべてのベースである人間力をもっと早くから学ぶ必要性を理解できていれば、大きな失敗を防止できたはずである。

　この反省からも、「何を比較するか」については、「技術者の要素である人間力、マネジメント力、技術力」のすべてについてである。さらに、この結果系の現状の姿だけでなく、例えば、比較相手の人間力が素晴らしいと感じたら、この点が素晴らしいというだけでなく、なぜそのような力をつけようと思い、どうやって力をつけたかという、動機、目的、手段、内容の原因系、要因系まで摑んでおくことが重要である。なぜなら、自分が比較相手に学ぶときに必要となるからである。つまり、「誰と比較するか」は「自分を取り巻くすべての人」であり、「何を比較するか」は、「要素としてのすべての結果系とその原因系、要因系」である。

　② 先生からの学び方——よきも悪しきも常に勉強

　次に、他人との比較に基づき、どうやって学んだらよいかという学び方、すなわち戦略的意思決定について述べる。比較相手で述べた、自分と自分の周りの人との比較を明らかにすれば、必然的に人間それぞれがそれぞれの性格の長所と短所をもっていることがわかる。今、あるべき自分の目標を品性力の向上とし、その手段として倫理・道徳を勉強している場合を考えてみる。

　周りの人と比較して、ある性格では長所として優れていても、たとえ短所となっていなくても、他の性格で劣っていることは十分考えられる。神様ならいざ知らず、生身の人間においては、すべてが長所であるということは現実的にはあり得ないとみるのが妥当であろう。人間性とは多面的なものであり、その時その時で最も必要とされる人間性の一面も当然変わるのである。では、どういう考え方で周りの人と接すれば、自分の人間性を最高に磨く意思決定になるのかについて考えてみる。その答えは、自分が人間性のすべての面で一番優れた姿、すなわち最高の品性を目指すことである。そのためには、自分の性格の長所はさらに磨き、自分の性格の短所はオブラートに包んで、かつ改めるよう努めること、また、自分よりも優れている相手の性格の長所はすべて吸収し、短所は他山の石とすることである。つまり、人間性のすべての面で、周りと比

較して絶対に劣らないように、手段、内容を実践しなければならないのである。

　さらに考慮しなければならないこととしては、人間性も時間の関数、すなわち時間が変われば、それぞれの人間性も変化するということである。したがって、先に述べた考え方は、一時達成すればよいという話ではなく、普遍性をもたせるためには、常に継続して実践しなくてはならないということである。つまり。常に自分の性格の長所をさらに伸ばし、自分の性格の短所を補うことに努めることで、はじめて自分の目標である最高の品性向上に到達することができるのである。

　以上述べたことを戦略的意思決定という見方から見ると、先の話は、勝つ戦略（長所）だけでなく、負けない戦略（短所）も考えることであり、後の話は、その考え方には、時間変化に対する変化適応力を含んでいなければならないということである。よきも悪しきも常に勉強しなければならないのである。

(5) 仕組みの構築——人間の煩悩の歯止め

　これまで、自分軸の設定について述べたが、実際に実践していく中で、人間としてもっている煩悩や過度な人間の欲求、極端な技術万能思想などにより、本来の目的、目標を忘れ、あるべき姿に向かう流れから逸脱することが十分予想される。いかにしてこれを防いだらよいかについて、筆者の経験から述べる。

　自分の目標である品性向上を実践していく際に、まず技術者としての倫理観、道徳科学を学び、次に行動し、実践していくのであるが、私の場合の一番の誘惑は、人間の煩悩である「さぼり」であった。ついつい忙しさに紛れ、品性向上を忘れ、感情に走って一日を過ごしてしまい、後になって後悔していたのである。そこで、何度も繰り返すことに対し、先人の知恵を借りて、行動を習慣化するように心がけたのだった。「毎日、朝と晩に5分間、亡き父と母の仏壇の前に座り、朝にはその日の誓いと、晩には自己反省」をすることを実践している。

　広義の意味として、人間の行動の善悪について考えてみる。正しくマネジメントする方法として、一つは性善説に基づき、自分としての倫理・道徳を学び、

行動を習慣化して自己管理させる方法と、もう一つは、性悪説に基づき、規則・規律などを定め、違反を罰するCSR、法令遵守による管理がある。前者だけで行えれば理想ではあるが、人間の煩悩を考慮すれば、野放しにもなりかねない。また、後者だけの場合には、極端な場合には、自由闊達な雰囲気が縮小し、恐怖感や不信感や閉塞感に覆われ、人間としてのモチベーションの低下が考えられる。人間が成長することこそ第一義という観点に立てば、まずは「運用は性善説」で進め、万が一の場合に「仕組みは性悪説」で歯止めするマネジメントが最良であると考える。

　ここまで、「自分づくり」の観点から「人づくり」について説明してきたが、最後に、「ものづくり」と「人づくり」と「自分づくり」との関係について整理する。まず、「ものづくり」の3要素である「人づくり」「価値づくり」「物づくり」について考えてみる。「価値づくり」「物づくり」は、いずれも「人」が行うものであることから、「ものづくり」の根本は「人づくり」にあるといえる。

　「人づくり」は、自分自身の人間性を磨く「自分づくり」と、教育担当者や部下をもつ上司が行う「他人づくり」の2つに分かれる。「他人づくり」には、2つの考え方が存在する。一つは、教育担当者や上司が「自分づくり」をさせるような教育や指導をして、受講生や部下を育てるという考え方である。そしてもう一つは、教育担当者や上司が崇高な理想、ゆるぎない信念と自信、燃えたぎる情熱をもって「自分づくり」に励んでいる姿を見せれば、鏡に映した自分の姿のように、自然と受講生や部下は育つという考え方である。教育を行う者としての筆者の考え方の基本は後者である。「人」を変えるには、まず「自分」を変えねばならないし、「自分」が変わってこそ、はじめて「他人である受講生や部下」を変えることができる。「人づくり」は、すべて「自分づくり」に帰着すると考えている。

第5章

価値づくり

本章では、2つの世界初製品の開発で取り組んだ事例をもとに、価値づくりについての正しい「動機・目的」と正しい「手段・内容」はどうあるべきかについて、自分軸の設定と実践のステップで明らかにする。価値づくりにおいて、過去から物づくりだけに慣れ親しんできた技術者にとっての最大の課題は、最初に動機・目的をどう設定するか、また目的としての価値とは何か、そして、自分なりの理想の姿をどう描いたらよいかといった、経験上不慣れな課題である。さらには、過去の単なる物づくり競争の時代ではなく、システム化、モジュール化、グローバル化、スタンダード化など、国際競争激化の時代において、どのようにして勝ち抜いていったらよいかという、競争戦略に関わる課題がある。

5.1 世界初製品の開発①——ABS-Fシステム

(1) 開発の背景

1978年、ドイツのロバート・ボッシュ社が世界で初めてABS(アンチロックブレーキシステム・電子式車体横滑り防止装置)を欧州市場に投入し、世界の自動車メーカーは安全戦争の時代に突入した。デンソーも1984年に車両技術部を設立し、翌年の1985年にはボッシュ社とライセンスを締結し、1986年にトヨタ向け4輪ABSの量産を開始した。日本においては、1983年に初めてトヨタ車、ホンダ車にABSが搭載され、以降、ABSの啓蒙活動と市場価格の低減に伴って乗用車系での装着率が年々増加し、1990年代の後半には標準装備にまで叫ばれる状況になっていた。また、1998年には、軽自動車こそ安全でなければならないという考えから、軽規格枠拡大の規制が制定される動きがあり、軽自動車用として、画期的な超低価格ABSが望まれていたのであった。

デンソーでは、オリジナルの軽自動車用ABSシステム(ABS-F)を開発し、ブレーキ事業の拡大を図るチャンスと捉え、技術部内に特別プロジェクトチームを発足させ、ABS-Fシステムの開発に着手したのである。

(2) 理想の姿（製品ビジョン）の設定

軽自動車用として、今までの乗用車系の ABS システムから、コスト、体格、重量ともに 50％削減を図る画期的な世界最小・最軽量・超低価格の理想の姿を達成させる製品ビジョンをどうやって描いたらよいか、プロジェクトのメンバーで徹底的に議論した。

結論として、従来からいわれてきたデンソー流の Q（品質）、C（コスト）、D（納期）のバランスを考えて答を求めるアプローチでは困難であることがわかった（図 5.1）。そこで、今回の最重要項目である「コスト低減」、すなわち C（コスト）だけに着目して、Q（品質）、D（納期）を無視して（0 ベースにして）、アイデアを出すことにした。つまり、まず「安くして壊す ABS を考えた」のである。コストを最も安くする理想は、ABS のすべてのユニットを取り払った ABS なしの状態であり、ここでのイメージとして、寒冷地でドライバーが実施しているポンピングブレーキをヒントとして、1 チャンネルでのエアーバルブ切り替えによるバキュームブースター制御のアイデアが出た。エアーバルブ 1 個だけの追加で済む、最も安いシンプルなシステムである。実際に試作車をつくり、

適正品質の追求——品質とコストの両立設計

基本思想	ムダの排除
要求仕様	・使用環境条件を正しく把握する ・真に必要な機能（本質機能）だけに絞り込む
設計	・安全率、余裕率を限界追求する ・コストミニマムの設計（材料費、加工費）をする
品質保証	・適正な品質管理の追求 　（ヌケの防止とムダの排除）

図 5.1　商品開発の考え方

寒冷地試験においてあらゆる性能改良も進めたが、最終的には、最も厳しいABS性能評価条件である高μから低μへの乗り移り時でのABS性能が、エアー切り替えでの応答性の限界から確保できず、断念せざるを得なかった。しかしながら、実はこのとき開発したタイヤロックの高精度検出技術が、後にポンプレスABSを成立させることになる。

　そして、次なるコスト削減の理想のイメージとして、ABSユニットの中でコストウェイトが最も高い、ポンプモーターを取り払ったポンプレスABSシステムを描いたのである。ポンプモーターを取り払ったら性能が出なくなるからダメだ、という常識を破ったのである。世界で最も安い世界初製品の価値創造のポイントは、経済性という価値だけに着目し、あとの価値は無視(0ベース化)し、いかにその着目価値について最大化させた理想の製品ビジョンを描くかであったといえる。夢を実現させる手段の知恵は、後で出すのである。**図5.2**に他社ABSとの体格・重量比較を示す。

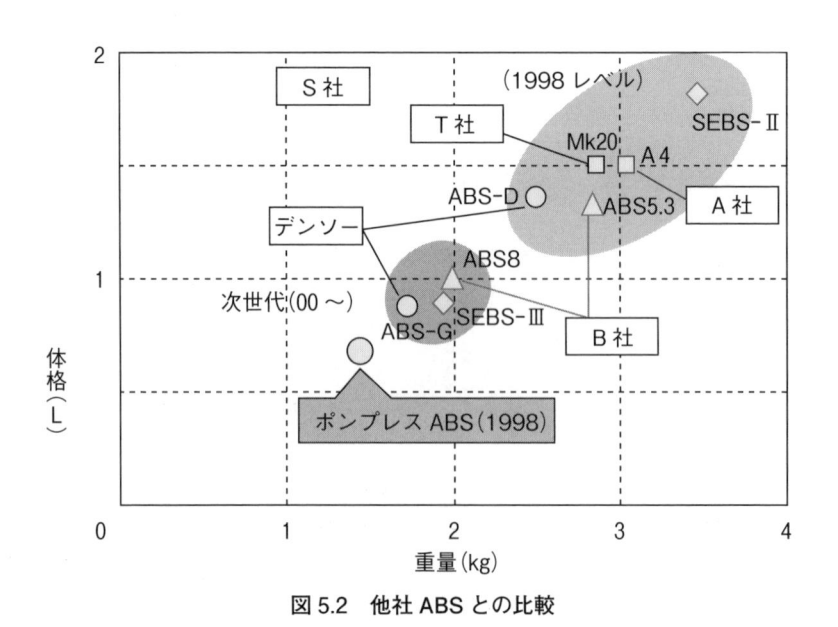

図 5.2　他社 ABS との比較

（3）目標達成の手段

　超低価格 ABS の製品ビジョンとしてポンプレス ABS システムが実現できれば、体格・重量・コストの目標はクリアできるが、問題はポンプモーターなしでどうやって性能を出すかということである。そこで、まず、現状分析を徹底的に実施し、原理原則で考察してみた。

　ポンプモーターは何のためにあるのか。ABS 制御中にタイヤをロックさせないようにホイールシリンダーの油を抜いてリザーバーへ排出するが、単に一方的に油を抜くだけでは、ブレーキペダルが底付きしてしまう。これを防ぐために、ポンプモーターでリザーバーへ抜いた油をメインラインに戻し、減圧、保持、増圧を繰り返しながら制御している。一言でいえば、抜いた油を戻すためだけにポンプモータが使われているのである。そこで、次の仮説を立てた。もし、新しい制御法として抜く油を極端に少なくすることができれば、制御中はリザーバーへすべて溜めておいて、制御終了時のブレーキペダル戻しのときにチェック弁で油を戻せば、ポンプモーターは不要にできるのではないか、と考え理論的な検証を試みた。

　そして、遂に決定的な ABS 制御中の油の抜き量を低減させるポンプレス ABS の制御アルゴリズムを開発した。従来の ABS 制御をマクロ的な制御とすると、今回のポンプレス ABS 制御は、減圧量の低減と増圧・減圧頻度を低減させることにより、リザーバーへの排出量を極端に低減させるミクロ的な制御である。さらに、車両性能として、寒冷地テストコースでの性能評価試験はもちろんのこと、実車確認試験として、最も使用条件の厳しい小樽の急こう配の長く続く下り坂、摩周湖の延々と続く圧雪路での評価など、実車走行試験を繰り返しながら性能確認し、完成させた。

（4）競争戦略マネジメント

　このようにして、軽自動車用として開発したポンプレス ABS は、世界最小・最軽量・超低価格のダントツ製品となった。そして、1998 年の軽規格枠拡大に合わせ、軽自動車でシェア第 1 位のスズキをはじめ、第 2 位、第 3 位のダイ

ハツ、三菱が次々と採用を決定し、まさに軽自動車のABS 100％標準装備に向かって進み始めた。ちなみに、システムとしては世界初のオリジナルシステムであることから、ABSライセンス先であるボッシュのパテントクレームも回避できた。さらに、軽自動車用にとどまらず、小型車向けABSへの展開拡大を検討するため、欧州での市場実車走行試験を兼ねながら、欧州メーカーのルノー、プジョーにポンプレスABS車を持ち込み、プレゼンテーションとテストコースでのABS実車性能評価を実施してもらった。その結果、性能とコストにおいて高い評価を得ることができたが、顧客の最大のリクエストは、ABS単独ではなく、TRC、VSCをはじめ、ブレーキのトータルシステムメーカーとしての対応であったので、この海外ビジネスは、ひとまず断念したのであった。いずれにしろ、脱ボッシュした新たな事業拡大の攻める、勝てる武器を開発したことから、メンバー全員の士気は、いやが上にも高まっていったのである。

しかしながら、2年後のマイナーチェンジを前に、新たな競争の激化にさらされた。欧州ABSの二大メーカーであるボッシュとテーベスが、ヨーロッパでの最も厳しい市場環境条件下での評価基準であるECE13の法規をグローバル標準として、全世界に拡大する戦略をとったのである。そして同時に、世界的な量産規模を背景に、価格をポンプレスABSと同等まで下げてきたのである。もともとポンプレスABSは、車格としては軽から小型車まで、市場環境としてはアジア地域をベースとして想定しており、ECE13の世界法規というこの動きに対して、われわれも日本の軽メーカーも、ポンプレスABSがECE13の法規を完全に満足できるとは、その時点では言い切れなかった。幸い商権は失わずに維持できたが、ポンプレスABSは、2年後のマイナーチェンジで、採算性の悪い通常のポンプ付きABSに戻さざるを得なかったのである。最適化戦略がグローバル・標準化戦略に敗れたのだ。ここで学んだことは、「強みで勝つ戦略」だけでなく、「弱みで負けない戦略」が必要だということである。これについて以下に述べる。

1つ目のケースは、最適化・特化戦略を立てたなら、グローバル・標準化戦

5.1 世界初製品の開発①——ABS-Fシステム

略から攻められない参入障壁として、「アジア法規」を確立しておくことが必要だったということである。後に知ったことだが、ボッシュとテーベスのドイツ二大ABSメーカーは、強力なメンバーを欧州法規委員会に送り込み、ECEの法規案の検討の主流となり、また、お互いのライセンスをそれぞれ自由に使える政治力まであった。今でも、グローバル標準よりも最適化（プラットフォームは共通で、地域にベストなアプリケーションを供給するイメージ）の選択は、技術者として「本当によい物を安く、世界のそれぞれの人々に供給」という観点から誤っていないと確信しているが、正しいことも、それを実現させるためには、それなりのやり方を工夫しなければならないことを学んだ。1998年の軽規格枠拡大での最初の1勝で満足してしまい、相手の状況変化を読んだうえでの次の手まで考えきれていなかったのである。

　もう1つは、コンペティターのボッシュは、世界的な量産効果をバックにして、ポンプ付きABSでありながら、超低価格にチャレンジしてきたことである。われわれもポンプ付きABSとポンプレスABSの部品の共通化を実施し、量産効果を発揮していたのであるが、世界的な量産規模の戦いであるメガコンペティションまでには至っていなかった。当時、トヨタ車でのABS採用メーカーとしては、デンソー、アイシン、住友電工、トヨタ内製品の4社があり、量が分散していたのであった。グローバルなメガコンペティションに対し、量産規模で負けない戦略が必要だったのである。

　競争戦略マネジメントとして留意しなければならない点は、まず、競争相手との競争力比較として、直接の製品だけでなく、人・物・金・設備・技術・特許・制度・仕組み・風土・習慣・政治力などの経営資源を含めた、できる限りの情報を収集することである。次に、自分と競争相手との強み、弱みの特徴を把握して比較したうえで、「強みで勝つ戦略」と「弱みで負けない戦略」の両者を検討し、時間と空間と相互作用の変化があっても勝ち続けられる戦略的意思決定をすることである。目標をいかに効果的・効率的に達成するかという戦略とは、まさしく「変化適応能力」であるといえる。

5.2　世界初製品の開発②——PABシステム

(1) 開発の背景

　1998年の軽規格枠拡大とともに、車両の安全性を重視する動きが高まり、サービスブレーキの向上として、同年、トラック中期ブレーキ規制が施行される動きがあった。これは、度重なるトラック事故を受けて、ブレーキ性能の向上、積載時の踏力軽減やサーボ失陥時の制動性の確保をねらったものである。トラック系においては、従来のエアー制御ブレーキに対し、2000年のトラックABS規制もにらみ、別のブレーキパワー源を用いた新たなブレーキシステムが必要であった。また乗用車系では、常用ブレーキにおいて、省燃費ガソリンエンジン車での、さらなる負圧低下に対するブレーキ力低下への対応や、高級車でのさらなるブレーキの効き向上のための新たな油圧ブーストサポートが期待されていた。さらには、高級車のパニックブレーキ時の高機能安全商品が求められていた。この世の中の動きを捉え、デンソーのブレーキ事業の取組みとして、世界初の軽自動車向けポンプレスABSに加え、トラック域、乗用車域で、世界初の高機能安全製品の開発を目指し、特別プロジェクトチームを発足した。

(2) 理想の姿(製品ビジョン)の設定

　まず、トラック系と高級車向けの油圧ブーストサポートについて、理想の姿を議論した。トラック系はエアー制御ブレーキであり、高級車向けはブレーキ力の伝達系は油圧であるが、倍力部分はエンジン負圧を利用したバキュームブーストである。いずれもブーストサポートはエアーであり、ここに別の油圧ブーストサポートが必要であった。そこで浮かんだのが、ABS油圧ユニットを使った新しいブレーキシステムの構築である。前述したように、高級車で使われているABSポンプモーターは、ABS制御中にリザーバに抜いた油をブレーキのメインラインに戻すためだけに使われており、雪が降った年に数回作

動するだけといってもよいくらい作動頻度が少ない。すなわち、通常は使用していないのである。実にもったいない。この「もったいないの精神」から、ABSポンプを常用ブレーキでの油圧ブーストサポートに利用することを思いついたのだった。ABSポンプの稼働率を極限まで高める発想で、これができれば、トラック系においても、サービスブレーキへの中期ブレーキ規制対応とトラックABS規制対応の、一石二鳥が可能となる。

さらに、この方法により、サービスブレーキ時の課題である鳴き・振動対策と、ブレーキの効き向上の背反事象を同時に解決できる。通常、ブレーキの効きをよくするには、ブレーキパッドを高μ化する必要があり、このため、鳴き・振動の問題が生じる。逆に、鳴き・振動対策をするには、ブレーキパッドを低μ化にする必要があり、この結果ブレーキの効きは低下する。今までは、この微妙なバランスの中でブレーキ諸元の設計を自動車メーカーが実施してきたが、新しいブレーキシステムでは、油圧とブレーキパッドμとを連立させられるため、基本的には、ブレーキの効きは油圧で、鳴き・振動対策はブレーキパッドμでと、両立できるようになる。このようにして、トラック用PAB(パワーアシストブレーキ)システムのイメージを描いていったのだった。

次に、高級車向けの新たな高機能安全商品の製品ビジョンの設定について述べる。車両のブレーキ安全商品として登場したABS(アンチ・ロック・ブレーキ・システム)、TRC(トラクション・コントロール・システム)、VSC(ヴィークル・ステイビリティ・コントロール)の将来は、どうなるのだろうか。プロジェクトのメンバー間で、まずC(コスト)、D(納期)は無視し(0ベース化)、Q(性能)だけに着目して、「こんなものがあればいいな」という夢の姿を描いた。

まさに、ポンプレスABSで理想追求した思考方法である。今度は、何百億円(C)かかってもよいから、いつまで(D)かかってもよいから、商品として決めた価値を最大に発揮している理想のビジョン(Q)を描いたのである。コストと納期は、あとで知恵を出して解決するのである。このときの重要なポイントは、C、Dの要因を消去して議論することをメンバー間で共有することである。この結果、Qである安全性と快適性の価値を最大に発揮させた夢の姿として、

自動運転を描いた。そして、次にこの究極の姿を目指して、商品・技術・事業のロードマップとして落とし込んでいった。図 5.3 に、Q の価値だけに着目して縦軸に安全性、横軸に快適性を取ったときの、理想の自動車商品のロードマップを示す。

技術の進展は、ブレーキ（制動）制御技術からブレーキ・エンジン（制動・駆動）制御技術へ、そして、ブレーキ・エンジン・ステア（制動・駆動・操舵）の車両統合制御へ（車のスタンドアロン制御）、さらには、人と車と環境・エネルギーの新交通システム制御技術へと発展すると予想した。

この姿を描く中で、ABS 油圧ユニットを使った新しい高機能安全商品としてターゲットにしたのが、ITS（インテリジェント・トラフィック・システム）として、ブレーキ付オートクルーズシステムなどに対応する自動ブレーキ機能（制動・駆動の制御技術）の技術開発であった。技術開発としての最大の課題

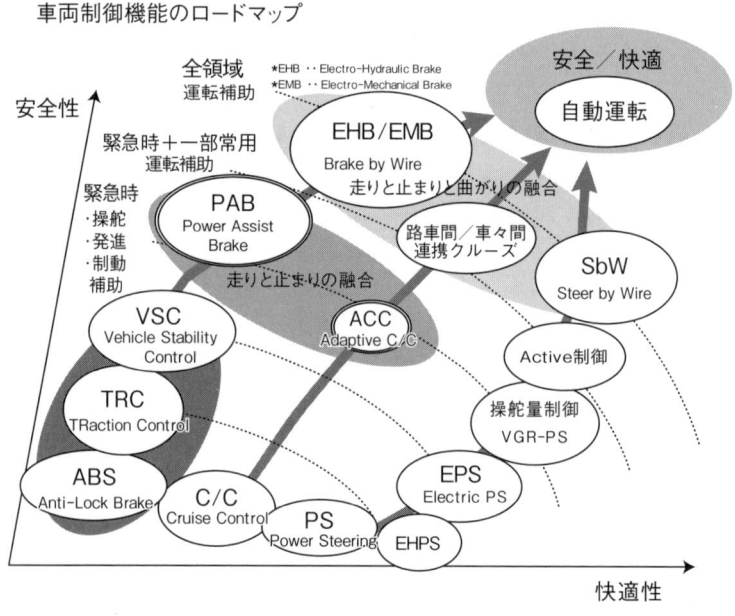

図 5.3　制御ブレーキ事業ロードマップ

は、音であった。ABSユニットのポンプは、油を吐出する際の脈動が非常に大きく、ABS作動時はパニック時であることからブレーキペダルの音・振動のキックバックは許されたが、とても常用ブレーキとして自動ブレーキで使うための静粛なブレーキ音ではなかった。理想の姿（製品ビジョン）を追求する際に重要なのは、今の技術で何ができるかというアプローチではなく、「こんな夢のようなことができたらいいな」という、いかに価値（今回の例では安全性と快適性）を最大に発揮するかという、理想の姿を描くことである。目標達成の手段は、次に知恵を出して考えるのである。

(3) 目標達成の手段

これまでの製品ビジョンの検討結果に基づき、達成に向けての取組みのステップを2つのフェーズに分けて考えた。第1フェーズは、トラック中期ブレーキ法規制、トラックABS規制への対応である。ABSの油圧ユニットを使ったトラック用PABシステムを新規に開発して事業化し、次いで、乗用車の高級車分野にブレーキ性能向上システムをねらいとして、世界初の乗用車用PABシステムとして展開することである。続いて第2フェーズでは、PABシステムのパワー源として新たに静粛ポンプを開発することで、従来までの緊急時だけでなく、常用ブレーキ時まで運転補助できる高機能安全商品（自動ブレーキ機能、常用域でのVSC機能）として完成させるのである。以下に、第2フェーズを例に取り上げて、目標達成の手段について述べる。

先に、ブレーキのあるべき姿は、安全性と快適性の価値を最大にした自動ブレーキの姿であると述べた。この理想の姿を実現させるために、まず現状のABSポンプの分析を実施し、さまざまな仮説を立てて検討した。

そして、今回の目的である静粛なポンプの開発のために、「よい物を安く世界の人々に供給する」という使命の原点に立ち、「静粛で構造がシンプルなトロコイドポンプの開発」を選択したのだった。

しかし、この方法では、文献上で語られていない高圧化を達成する必要があった。この問題に対して、物づくりの基本の考え方である「製品寸法のばらつ

き(精度)」と「製品の使用条件・性能」との関係性に着目し、「使用時での精度を上げて隙間を小さくすれば、漏れ量は少なくなり、圧力は上がる」という、基本の原理・原則を追究した。そして、使用時での変形量の理論解析、各種パラメータ試作品の性能確認、耐久評価による摩耗確認を経ながら、システムベンチ評価試験、実車確認を実施し、最終的に完成させることができた。しかしながら、高圧化を達成させるために、μ単位までの超高精度化を必要としたことから、製造ラインは多大の調整工数を必要とし、生産性の悪化から、流動当初は採算性が非常に厳しい状況であった。しかしこの問題も、デンソーのお家芸である製品設計者、生産技術者、現場技術者・現場技能者が一丸となったコンカレントエンジニアリング活動、プロジェクトマネジメント活動の展開により解決した。「窮すれば通ず」のである。以上のことを振り返ってみると、達成の手段のポイントは、あるべき姿として描いた理想の姿に対して、仮説(右脳・直感)と検証(左脳・論理)とを絶えず繰り返して進めていくことである。すなわち、「どうやって(How to)」と「なぜならば(The reason why)」とを交互に繰り返しながら手段を選択し、決定することが重要である。

(4) 競争戦略マネジメント
1) ABS単体レベル

1999年のトラック中期ブレーキ法規制、2000年のトラックABS規制への対応として開発したABSの油圧ユニットを使った新しいPABシステムは、競合である油圧シリンダーによりマスターシリンダー圧を助勢する方式やパワステポンプをパワー源として、ペダル比を可変機構とする方式に対し、サーボ失陥時の制動力確保性能と、ABS機能との統合時のコストメリットの優位ポテンシャルから、次々と採用が決定した。

1999年5月から、ダイナ(トヨタ)、コースター(トヨタ)、レンジャー(日野)で量産を開始し、さらにABS機能とEZGO機能(坂道停止保持、坂道発進補助装置)としてキャンター(三菱)にまで拡大した。当初のねらいであったトラック系へのブレーキ事業拡大への土台を築くことができたのである。一方、乗

用車系へのPABシステムの展開としては、トヨタの高級車用にまずブレーキ性能の向上を目的として、ASB（アドバンスドサーボブレーキ）システムとして採用された。次いで2002年に、静粛ポンプとして開発したトロコイドギヤポンプの投入により、世界初の高機能安全商品（自動ブレーキ機能、常用VSC機能）を世に送り出すことができたのだった。この間、最大のコンペティターは、ボッシュ社のBBW（ブレーキバイワイヤ方式）であったが、ブレーキシステムの信頼性確保の問題から、ボッシュ社はこの方式から撤退した。その後ボッシュ社は、プランジャーポンプを多気筒化し、電磁弁での脈動低減改良との抱き合わせで、静粛化に対応している状況である。現時点で、トロコイドポンプシステムは、トヨタ車のすべての上級車種はもちろん、日産、マツダなどの自動車メーカーにも展開されている。当初のねらいである新たな高機能安全商品の開発により、ブレーキ事業の拡大を図るという大目標を達成できたのである。

2）メガコンペティションの戦い――モジュール・システム・グローバル

ABS単体をベースとした競争戦略は上述のとおりだが、この間、さらに世界の大きな潮流であるモジュール化、システム化、グローバル化のメガコンペティションの戦いでの競争戦略を経験したので、以下に、競争戦略マネジメントとして述べる。

1990年代に入ると、世界における自動車部品のモジュール化、システム化、グローバル化の大きな流れが一気に加速した。その発端は、米国のビッグスリーによる、ブレーキシステムとしてパックでの発注宣言にあった。もはやABS制御ユニット単体のビジネスはありえず、ブレーキペダル、ブースター、マスターシリンダー、ABS、パッド、キャリパーまで含めた基礎ブレーキから制御ブレーキまで、ブレーキシステムのすべてをまとめられるシステムインテグレーターが必要とされたのだ。これを契機として、基礎ブレーキメーカーと制御ブレーキメーカーの世界再編に突入したのだった。

このとき、デンソーのブレーキ部隊も、制御ブレーキの将来ロードマップを描き、世界の流れの競争戦略の世界的潮流が「ABS」から「ブレーキシステム」

へ、そして走る・曲がる・止まるの「車両統合制御」へ、さらには情報技術を駆使した「人と車と環境・エネルギーの新交通システム制御」へ発展すると予測し、対応策を打っていた。

デンソーがもっているABS・PAB制御ブレーキ技術の核を戦う武器として、新たな価値を生み出すべく、トータルブレーキシステムの開発体制を強力に推進した。しかし、同じトヨタグループのアイシンは、ABSを含めトータルブレーキシステムのすべてを担当していたことから、直接の共同開発は当面無理と判断した。そこで、ブースター、マスターの部品メーカーとして自動車機器（JKC）、キャリパー、パッドメーカーの部品メーカーとして曙ブレーキおよび日清紡、さらにタイヤメーカーとしてブリヂストンを選択し、各社との共同開発契約を積極的に結び、われわれブレーキ部隊は、制御ブレーキのTier1（システムインテグレーター）を目指した。

共同開発の合言葉は、国際競争の中での「大和民族論」だった。デンソーの差別化武器である脱ボッシュしたABS、TRC、VSC、PAB、空気圧モニタ、レーザーレーダー、ブレーキとステアの協調制御をベースに、必死に玉づくりに励んでいた。この動きを察知してか、日本でのトータルブレーキシステム体制を早期に敷くべく、ボッシュは自動車機器を吸収し、NIAB、NABCOを加えてBBS（ボッシュブレーキングシステム社、後のボッシュジャパン）を設立した。また一方で、タイヤメーカーであるコンチネンタル社は、欧州のブレーキメーカーであるテベスを買収してコンチネンタルテベスとなり、さらには日清紡のブレーキ部隊も吸収し、日本での開発・生産体制を整えた。われわれブレーキ部隊も、大和民族論での共同開発体制が困難になる中で、この段階で、自社で開発した制御技術を武器に、「負けない戦略」として、トヨタグループ論で進める検討も同時並行で行った。そして、トヨタグループとして、アイシン、住友電工、トヨタ内製、デンソーの4種類のABSを一本化するとともに、新会社としてアドビックス社を設立し、トータルブレーキシステムの開発と生産体制を整えて、世界のメガコンペティションの戦いに勝負を挑んだのである。その結果、世界市場は5つのグループ（ボッシュ、コンチネンタルテーベ

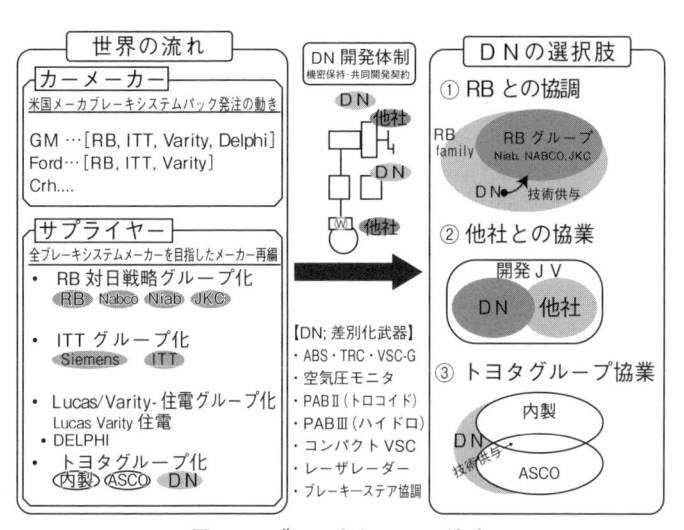

図 5.4 ブレーキシステム戦略

ス、TRW、DELPHI、アドビックス)に再編成された。各グループとも、物量をバックに、システム化、グローバル化、スタンダード化を目指した競争戦略を現在も展開中である（図 5.4）。

競争戦略マネジメントにおいて重要な点は、絶えず世の中の流れ、競合他社の状況を的確に摑み、常に変化に適応した勝つ戦略と負けない戦略の両者を戦略的に意思決定することである。

次節では、引き続き、事例をもとに、21 世紀における「価値づくり」についての正しい「動機・目的」と正しい「手段・内容」はどうあるべきかについて、自分軸の設定と実践のステップで明らかにする。

5.3　価値づくりにおける自分軸の設定と実践のステップ

(1) あるべき姿の追究――世界人類の幸福の姿

ここまで述べてきた事例では、あるべき姿として「人の命を守る安全性」を

人類の持続的発展
Sustainability

人類の幸せ
高齢化　社会福祉　都市問題
教育問題　マルチメディア　安全　健康

人類の生存
食料問題　エネルギー　資源　人口問題

地球の永続
環境　地球温暖化　オゾン層破壊
森林破壊　リサイクル

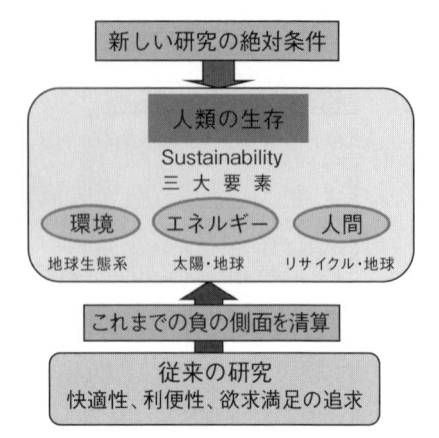

新しい研究の絶対条件

人類の生存
Sustainability
三大要素

環境　　エネルギー　　人間
地球生態系　太陽・地球　リサイクル・地球

これまでの負の側面を清算

従来の研究
快適性、利便性、欲求満足の追求

出典：㈱コンポン研究所HP　http://www.konpon.com/jpn/strc.html より
図5.5　21(22)世紀の人類の課題

追究し、世界初の安全製品の開発に成功し、1990年代、2000年代の社会の要求ニーズに応えた。では、21世紀(22世紀)のあるべき姿は、どうであろうか？

㈱コンポン研究所のホームページによると、21世紀(22世紀)の人類の課題は、人類の持続的発展であるとしている。従来の研究課題であった快適性、利便性、欲求満足のこれまでの負の側面は清算し、新しい研究の絶対条件として、人類の生存に関わる三大要素である「環境」「エネルギー」「人」の本質的な価値を追究することであるとされている。

これは、「人類の持続的な発展に貢献している姿」といえる。したがって、21世紀(22世紀)の価値づくりのあるべき姿とは、「世界人類の存続・発展・安心・平和・幸福」の姿であり、具体的には、「環境・エネルギー・人の持続可能な循環型社会」の姿であり、「石油社会から進化した生物多様性社会」の姿である。一言でいうなら、「世界人類が幸福である」姿である(図5.5)。

(2) 世の中の流れの把握——人間の欲求を満たす価値の流れ

価値づくりのあるべき姿に向かっての流れは、人間の欲求に基づく価値が製品化され、事業化されながら発展していく産業発展の歴史と捉えることができる。したがって、価値の流れは、第一次産業であるコモディティ価値(日用

品)、第二次産業である製品価値、続いて第三次産業であるサービス価値、第四次産業である感性価値、経験価値、そして、最終的にはあるべき姿である持続可能な世界人類の幸福を実現させる環境価値、エネルギー価値、人間向上価値に向かっていくと判断できる。価値づくりの流れは、まさに人間の欲求を満足させていく流れであり、その結果は世の中に流行として現れるのである。そして、これらをつなぎ合せたものが、まさしく人類が築き上げてきた産業の歴史となるのである。したがって、価値づくりの流れは「マズローの5段階欲求説に従って価値が創出される」ということができる。

(3) ポジショニング──自社の位置と自社の経営資源を知る

　1990年代に入り、自動車へのニーズ(製品価値)は、従来の燃費向上、排気低減、快適性、利便性から、人命尊重重視になり、世界的な安全戦争の時代に突入した。そのため、安全性を確保する事後安全として、衝突時の車両剛性を強くする車両構造の開発や、衝突時のドライバーへの衝撃を緩和するエアバックシステムの開発などが行われた。また予防安全としては、滑りやすい路面での制動時のタイヤのロックを防ぐABS、発進時のスリップを抑えるTRCなどの安全商品が、次々と実用化された。日本においても、安全性への要求から、1998年には、中期保安基準としてブレーキ法規が強化されたり、軽規格枠拡大が決定されるなど、まさに安全価値でのビジネスチャンスの到来の時期であった。これに先立ちボッシュ社は、1978年に世界初のABSを市場に投入し、7年間(1985年)で累計生産100万台を達成した。すでに世界No.1のABSメーカーであった。

　1970年頃デンソーでは、1度、後2輪ABS開発を手がけていたが、本格的にブレーキ事業に取り組むべく、1983年にボッシュとの技術提携を結んだ。そして、ボッシュ、さらにはトヨタからブレーキ技術を徹底的に習得することにより、1986年に、システムとして初めてABSを市場に投入することができ、以来6年間(1992)で、累計生産100万台に達した。しかしながら最大の課題は、ボッシュとのライセンスでの販売先制限による事業の伸び悩みであった。この

状況の中、ブレーキ事業を拡大すべく、世の中の安全価値の流れと自社の実力の把握の中で、脱ボッシュ製品である世界初の軽自動車用ABSとPAB(パワーアシストブレーキ)の開発に、メンバー全員が一丸となって挑戦したのだった。この経験から、最も重要なポイントは、日本を含む世界の流れでの自分の位置を把握したうえで、自らの経営資源(人、物、金、技術、情報、特許、制度、仕組み、風土、習慣、政治力など)、すなわち、自らの実力について正しく現状分析しておくことであるといえる。価値づくりにおいてポジショニングするとは、「現在の自分の実態を正しく把握する」ことであり、そのためには、「価値の流れの中での自分の位置」と「あるべき姿に向かうための自分の実力(経営資源)」を、現場・現物・現実の三現主義に基づいて徹底して把握しておくことが必要なのである。

(4) 自分軸の設定

あるべき姿を明らかにして、そこに向かう流れを把握し、その中で自分のポジショニングをした後に、今度は自分軸の設定を行う。自分軸の設定とは、大きく分けて、あるべき姿の中に自分としての理想の姿を設定することと、もう一つは、その理想の姿を達成するための手段・内容を検討することである。自分の理想の姿を設定するためには、目的を明らかにする必要がある。なぜなら、理想の姿とは、目的を絵やある場面にしたものだからである。その目的、すなわち使命感とは、「…(事業領域)…を通じて、…(嬉しさ[価値])を提供すること」と定義できる。つまり、理想の姿を設定するには、まず、目的である嬉しさ(価値)を決定し、そして、その嬉しさ(価値)を最大に発揮させた絵や場面に表現するのである。

1) 自分としての目的の設定をどうやって行うか——価値を知る

あるべき姿の中に自分の目的を設定するためには、あるべき姿の嬉しさ(価値)と世の中の流れから把握した人間の欲求の嬉しさ(価値)とを合わせて求める必要がある。なぜなら、あるべき姿の嬉しさ(本質価値と呼ぶ)だけを追求する場合、神様なら理解できても、人間である限りは、マズローの5段階欲求説

で述べた原動力となる人間の欲求が得られず、本来のあるべき姿に向かうことが非常に困難となるからである。

例えば、あるべき姿の嬉しさとして「環境価値、エネルギー価値、人間向上価値」といったものがあるが、これだけでは、人間として少しも欲求や欲望のパワーが出ない。それに加えて、人間の欲求、例えば「どこにでも移動できる乗り物が欲しい」「鳥のように空を飛べる乗り物が欲しい」といった、さまざまな機能としての嬉しさ(基本価値と呼ぶ)、しかも、より安全に、より快適に、より安く行けるなどといった、他と差別化した嬉しさ(付加価値と呼ぶ)が存在して、はじめて人間としての欲求の原動力が得られ、あるべき姿に向かって進んでいけるのである。

先の事例で取り上げた1990年から2000年にかけての時代は、それまでの世の中のニーズであった快適性・利便性という人間欲求を満足させる追究から、人類の生存にかかわる環境・エネルギー・人といった本質価値に対する追究へと変化していった。そのため、環境(公害防止)・資源(小型化・軽量化)・エネルギー(燃費低減)・人(安全)の本質価値が、世の中の流れの価値として自動車社会へのニーズとなり、脚光を浴びたのである。もちろん、この本質価値に加えて、それ以外の基本価値や付加価値が望まれたのである。軽自動車用ABSでは、当時の世の中の流れであった軽規格枠拡大に対応すべく機能同一での世界最小・最軽量に加えて、世界一低価格の経済合理性の差別化価値を求めた。またPABでは、ブレーキ法規の強化に対応し、安全性の価値と同時に、人間の差別化欲求である快適性も満足させる新たな高機能ブレーキを創出する価値づくりにも取り組んだのである。

あるべき姿の中に自分なりの目的を設定する際には、2つの観点から考えるとよい。一つは、あるべき姿の目的、すなわち本質価値の観点から考えることであり、もう一つは、世の中の流れの原動力である人間欲求からの目的、すなわち、基本価値と付加価値の観点を合わせて考えることである。

2) 自分としての理想の姿の設定

① 理想の姿とは目的価値の最大化

　自分としての理想の姿を設定するとは、あるべき姿の目的(本質価値)と人間の欲求の目的(基本価値と付加価値)とを合わせた価値を、最大限に発揮させた絵や場面を描いて求めることである。前述の事例では、あるべき姿の本質価値として、人命に関わる安全性の理想の姿(事故ゼロ)を描くことであった。加えて、人間の欲求として、経済合理性(超低価格)を追究したのが ABS-F システムであり、同時に快適性を追求した理想の姿(全自動運転)を描いたのが PAB システムであった。そして、世界初の2つの安全商品を世の中に提供することにより、ブレーキ事業として飛躍的な拡大・発展を図ることが、事業家としての理想の姿でもあった。

　理想の姿の設定にあたって、最も重要なことは、どうやって目的である価値を最大化させて理想の姿を描くかである。次にこの点について述べる。

② 理想の姿(価値の最大化)の描き方(もったいないの精神)

　では、具体的にどうやって価値を最大化させて理想の姿を描くのか。前述した2つの事例では、図 5.6 に示すような思考のアプローチで価値を最大化させた。

　新たな商品開発の検討を始める際、Q(性能・品質)、C(コスト)、D(納期)の3つの要素について開発目標を設定するが、一般的に、現状での3つの要素の関係性を意識しながら同時に思考するため、アイデア案に制限が生じる。そのため、新商品の姿は改良に止まる程度で、なかなか理想の姿に行き着かないのが現状である。

　ABS-F システムの開発では、目的である世界一の超低価格 ABS 実現のために、まず、C(超低価格化)という経済合理性の価値だけに着目し、Q(安全性能・品質)、D(納期)の要因は無視した(他の要因を0ベース化)。つまり、性能が出なくても、壊れても、商品完成までに無制限の時間を要してもよいと考え、QとDを頭の中から消し去ったのである。

　そのうえで、次に、現状品での経済合理性の価値を最大化させる超コストダ

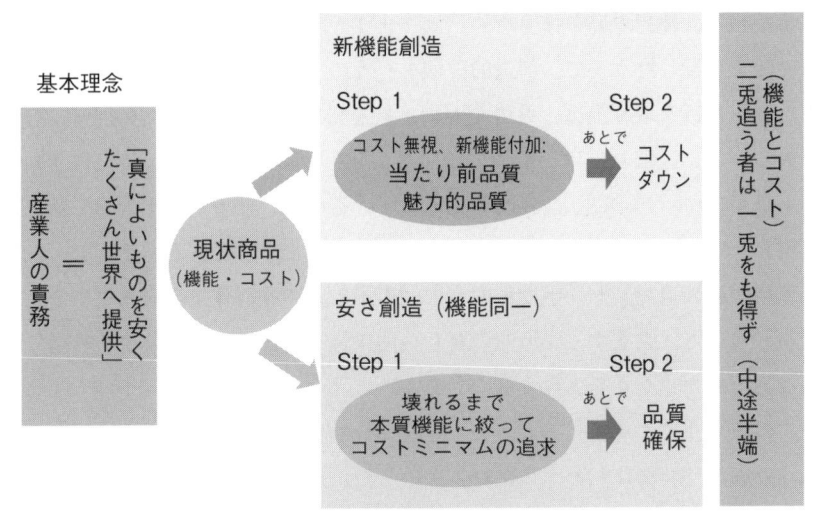

5.3 価値づくりにおける自分軸の設定と実践のステップ　97

基本理念

産業人の責務 ＝「真によいものを安くたくさん世界へ提供」

現状商品（機能・コスト）

新機能創造
- Step 1: コスト無視、新機能付加：当たり前品質 魅力的品質
- あとで → Step 2: コストダウン

安さ創造（機能同一）
- Step 1: 壊れるまで本質機能に絞ってコストミニマムの追求
- あとで → Step 2: 品質確保

（機能とコスト）二兎追う者は一兎をも得ず（中途半端）

図 5.6　世界初商品開発のためのアプローチ

ウン案を描いたのである。攻め方としては、究極の理想としてコストダウン効率 100％の ABS ユニットすべてを廃止した姿や、次に ABS ユニットの部位で最もコストウェイトが高い油圧源のポンプモータを廃止した姿などを描いた。そして、その後で、Q、D を成立させる手段の知恵を出すべく検討し、最終的にポンプレス ABS 案を選択し、完成させたのである。

また、世界初の高機能ブレーキ安全商品の PAB システムでは、逆に、C（コスト）、D（納期）の要因は無視（他の要因を 0 ベース化）し、Q（新しい性能）だけに着目した。すなわち、いくらお金がかかっても、いくら時間がかかっても、「こんなことができるといいな」という夢を描いたのだ。従来からの安全性の価値については、最大化させる究極の姿を描き、また同時に新しい価値軸として究極の快適性の姿を重ねることで、自動ブレーキ、全自動運転の理想の姿を描いた。そして、そのシステムの姿の案として、1 年間で数回しか作動しないABS ポンプを、常用の夢のブレーキとして稼働率 100％で作動させている姿を描いた。そして、その後で、C と D を成立させる手段の知恵を出し、実用化したのであった。

すなわち、理想の姿を描くためには、まず、現場・現物・現実による要因の関係性を把握したうえで、創造的破壊を行うのである。自分の目的として設定した価値だけを取り上げ、他の要因の抵抗を排除する(0ベース思考と呼ぶ)のである。次に、取り上げた価値について、100％効率を目指し、最大化させる姿を描く(フルベース思考と呼ぶ)。そして、その後、他の要因を含めて新たに出現した課題を解決すべく、手段・内容の知恵を出すのである。そして、この「理想の姿の追究」と「手段・内容の知恵出し」の検討作業を繰り返すことにより、すべてに成立する要因間の新しい関係性を見出し、理想の姿を目指した創造的なものづくりを実現するのである。

　この思考サイクルは、「破壊」と「創造」、「全体最適」と「部分最適」、「並列」と「直列」、「マクロ」と「ミクロ」といった、前述した概念図における「正」と「反」の反対事象の検討を繰り返し実施することと同じである。関係性を再構築し、レベルアップさせながら理想の姿に向かって進んでいくのである。

　まとめてみると、理想の姿(価値の最大化)を描くとは、「抵抗はゼロ」「効率は100％」を目指した「もったいないの精神」による関係性の再構築を図ることである。

3) 達成させる手段・内容の検討思考プロセス(両脳思考マネジメント)

　理想の姿を描いたのち、「理想の姿の追究」と「手段・内容の知恵出し」の検討作業を繰り返し実施し、ものづくりを完成させることについては前述したとおりだが、ここでは、まず達成させる手段・内容そのものである技術検討にどう取り組んだかについて述べる。そして次に、達成させる手段・内容だけでなく、目的(価値)から始まり、続いて目的(価値)を最大に発揮させる理想の姿を描き、そして現状の姿を把握したうえで、次に理想の姿を実現させる手段・内容を検討するという、一連の思考プロセスについても述べる。

　ABS-Fシステムの開発では、理想の姿を決めた後、それを達成させる手段・内容について、次のステップで検討した。

　初めに、手段の仮説を立てた。

　「何のためにポンプがあるのか？」「ポンプがいらなくなる状態って何だろ

う?」

「もし、ABS 作動中の油の抜き量を極端に少なくできる制御があれば、油を抜いても制御終了時までペダルが底付きすることがないから、常時油を戻す機能のポンプは不要にできるはずだ。制御終了時でのドライバーがペダルを戻すときにチェック弁でメインラインに油を戻せばよいのでは?」
という仮説を立て、次に理論と実験で検証を行った。この検討結果から、従来の大幅な増圧と減圧を繰り返すマクロ的な ABS 制御から、保持モードをベースとして、わずかな増圧と減圧を繰り返すことにより大幅に減圧量を低減させるミクロ的な ABS 制御アルゴリズムを開発し、成立させた。

技術開発としては、「大(減圧量)」から「小(減圧量)」へ、「連続(ポンプ作動)」から「間欠(チェック弁作動)」へ、「マクロ制御(スリップ率と摩擦係数)」から「ミクロ制(スリップ率と摩擦係数)」へ、「正」と「反」の物理現象の原理原則を追究し、技術確立したのである。

また、PAB システムにおいても、さまざまな手段の仮説を立て、理論検討と実験で検証し、最終的に世界初のトロコイドギヤポンプによる PAB システムを完成させたのである。

ABS-F システムと同様に、技術開発においても、「正」と「反」の物理現象の原理原則を追究し、技術確立したのである。

次に、ABS-F システムと PAB システムについて、目的としての価値から始まり、続いて価値を最大に発揮させる理想の姿を描き、そして現状を把握したうえで、手段・内容の仮説を立てて、検証にいたるという、一連の検討思考プロセスについてまとめる(表 5.1)。

目的の設定から手段・内容の検討にいたるまでの一連の思考プロセスとは、右脳(仮説・直感)と左脳(検証・論理)を使った人間の両脳思考[12](右脳と左脳の両者を駆使した思考を両脳思考と呼ぶ)のマネジメントである。まさに創造とは、右脳と左脳を駆使することである。

表 5.1　検討思考プロセス

・ABS-F システムの検討思考プロセス

[why] 目的	[what] 理想	[fact] 現状	[how to] 手段の仮説	[the reason why] 検証
経済合理性 安全性 →	世界最小 最軽量 → 超低価格 ポンプモータ廃止	性能原理 把握 →	ポンプモーター レス制御 [構想設計] ABS 性能 →	[理論検討][詳細設計] [初期特性評価] [耐久特性評価] [実車評価試験]
[左脳]	[右脳]	[左脳]	[右脳]	[左脳]

・PAB システムの検討思考プロセス

[why] 目的	[what] 理想	[fact] 現状	[how to] 手段の仮説 [構想設計]	[the reason why] 検証 [理論検討][詳細設計]
安全性 → 快適性	自動ブレーキ → ABS ポンプ 活用	ABS ポンプ →	トロコイドポンプ → 高圧化アイデア 低コストアイデア	[初期特性評価] [耐久特性評価] [実車評価試験]
[左脳]	[右脳]	[左脳]	[右脳]	[左脳]

4）ストーリー検討——競争戦略マネジメント

①　競争力比較——相手は 5 フォース、比較内容は結果系から原因系まで

　前述の事例から学んだ競争力比較について考えてみる。まず競争相手の対象については、事業対象が「ABS 制御単独」から「トータルブレーキシステム制御」へ、さらには、走る・曲がる・止まるの「車両統合制御」から、将来は人と車と環境・エネルギーの「新交通システム」へと、モジュール化・システム化・グローバル化・スタンダード化の拡張に従って、競争相手が現状から別次元に移行していった。タイヤメーカーのコンチネンタル社が、トータルブレーキのシステムインテグレーターとなり、競争相手となったのである。少なくとも競争相手としては、マイケル・E・ポーターが競争戦略論で提唱している自社を取り巻く 5 フォース（競争戦略を考える前提として外部環境を分析する際に使われるフレームワーク。5 つのフォースとは、敵対関係（同業者）、買い手、供給業者、代替品、新規参入者）を考える必要がある。昨今では、情報技術の進化に伴い、ビジネスモデルが次々とより次元を超えて大規模システム化しており、例えば家電量販店の Y 社は、住宅産業、さらには地域町づくり

産業まで事業対象を拡大させている。必要とされる新たな価値づくりに伴って、今後、競争相手は無限に広がっていくと予想される。なぜなら、世の中のすべてのものは価値をもっており、価値の交換をビジネスモデルと考えれば、その順列・組合せは無限に存在し、かつ、それらを時間と空間を超えて瞬時に結びつけることができる情報技術の存在が、無限のビジネスモデルを可能とするからである。

次に、競争力を比較する内容について述べる。価値づくりにおいて重要なことは、単なる競合製品の価値比較にとどまらず、その背景、さらには競争相手の現状の実力、経営資源（人・物・金・技術・特許・制度・仕組み・風土・習慣・政治力など）について、できる限りの情報を入手し、自社と比較した強みと弱みを比較検討することである。なぜなら、最初の1勝だけでなく、次なる競争相手の出方まで読んで、何度戦っても勝てる戦略的意思決定をするためには、相手が行動を決定する原因系の情報が必要だからである。結果系である競合製品の価値比較だけではなく、原因系の経営資源を含めた比較が、ストーリー検討である戦略的意思決定には必須である。

② **戦略的意思決定──変化適応させる勝つ戦略と負けない戦略**

ここまで、戦略的意思決定として次の2つの観点で考えることを学んだ。一つは「強みで勝つ戦略」をもっていること、もう一つは、同時に「弱みで負けない戦略」をも同時に備えておくことだった。ABS-Fシステムで体験した、ダントツ商品競争力の強みで勝つ戦略で1勝できたが、弱みで負けない戦略として、2戦目でECE13の法規に対抗したアジア法規の武器をもつべきであったし、競合他社の量産効果戦略に対抗した量産効果戦略を策定すべきであった。そのためPABシステムでは、ブレーキシステムのモジュール化・システム化・グローバル化・スタンダード化の世界的なメガコンペティションの戦いに対抗すべく、弱みで負けない戦略としてトヨタグループ論の量産効果で戦ったのである。

絶えず勝ち続けるためには、時間と空間と相互作用の変化に対しても、常に競争相手を正しく把握し、変化に適応できる「強みで勝つ戦略」と「弱みで負

けない戦略」を策定し、それを駆使して実践していくことが不可欠である。

(5) 仕組みの構築——人間の過度な欲求の歯止め

　価値づくりを進めていく過程で、人間の過度な欲求により、あるべき姿である世界人類の存続・発展・安心・平和・幸福の姿に反したり、環境・資源／エネルギー・人の持続可能な社会を破壊しないように歯止めの仕組みを構築しておくことが必要である。仕組みの例としては、先に述べたような安全規制のほか、環境マネジメントシステム（ISO 14001）、公害防止条例、排気ガス規制、光化学スモッグ条例、燃費規制などがある。理想的には、性善説であるべき姿を追究し、仕組みは不要とすべきだが、現実解として、人間の煩悩に基づく人間の過度な欲求であることを考慮すれば、「人づくり」での仕組みと同様、性悪説に基づく仕組みの構築が必要である。

第6章

物づくり

本章では、多種中少量リレーの合理化研究に取り組んだ事例をもとに、物づくりについての正しい「動機・目的」と正しい「手段・内容」はどうあるべきかについて、自分軸の設定と実践のステップで明らかにする。なお、対象とするリレー製品では、価値づくりとしての機能価値(小電流で大電流を切り替えるスイッチ機能)はすでに決定されており、後は、物づくりとしていかに「安価、小型、軽量、高品質」にできるかという課題であった。世界一製品としての高い目標値に対し、具体的にどのように製品開発と生産技術開発を進めたかについて重点的に述べる。

6.1　多種中少量リレーの合理化──世界一 A1 リレー製品

(1) 研究の背景

　自動車用小型リレーは、エアコン用のブロアモーター、ヘッドランプ、テールランプなどをオン・オフ制御するために、乗用車1台当たり平均2〜9個装着されており、1960年代から1970年代へと車の高級化に伴い、その数はますます増加の傾向にあった。つくれば売れた高度成長期にあり、リレーの各設計者の自由奔放な設計思想から、電流容量、使用電圧、取付け場所など、対象の小型リレーだけでも114種類に及び、まさに代表的な多種中少量製品であった。また、自動車用小型リレーの生産に関しては、多くの組立て・調整作業者を必要とし、製品精度も必ずしも要求を満足するものではなく、その改善が強く望まれていた。そのため、筆者が所属する生産技術部門の役割は、市場の要求に応える最適製品を成り立たせるために不可欠な新技術と、それを低コストでつくるための最適生産システムを供給することであった。

(2) 世界を凌駕する高い目標

　そこで、工程研究として多種中少量リレーの合理化のテーマが筆者に与えられ、世界一の次期型製品の開発に着手した。開発目標を図 6.1 に示す。基本的な考え方として、当時の常識レベルでなく、国際レベルを凌駕するダントツの

6.1 多種中少量リレーの合理化——世界一 A1 リレー製品

	指標	従来レベル開発目標	独創性：究極の真空管よりトランジスタ	国際レベル開発目標	
製品開発	性能	競合他社より優位		本質機能追求の差別化	
	体格・重量	−20〜30%		1/2 (−50%)	
	部品点数	同上		1/2 (−50%)	
	設計難易度	A、B、C（他社より優位）		ウルトラ C 機構	キーテクノロジー（パテント）
生技開発	コストダウン	−20〜30%		1/2 (−50%)	
	設備 設備費率/省人・1人	1		1/20	
	設備面積	—		製品の大きさ×○倍	
	生産技術難易度	A、B、C（他社より優位）		ウルトラ C 新技術（全自動高速無人化ライン）	キーテクノロジー（パテント）
事業戦略	例：生産システム	集中生産システム（国内中心）		ユニット分散生産システム（全世界）	

図 6.1　世界一の目標

　小型・軽量・低コストの世界一の製品開発目標と、高品質・高生産性の世界一の生産技術開発目標を設定した。現製品をベースに究極の生産づくりを追求する研究だけでなく、製品づくりも生産づくりも世界一の理想を追究した研究に着手したのである。

　一方、デンソーでは、生産工場合理化のレベルアップ計画として、当時世界一の電装品メーカーであったボッシュ社に学び、ボッシュ社に追いつき、追い越すための究極の姿として、無人化工場を目指すロードマップができていた（図 6.2）。今回、自動車用小型リレー生産ラインの合理化を試み、種々の新技術を導入したシステムを確立することにより、部品加工から組立て、検査、調整、梱包にいたるまでのすべての工程を総括して、タクトタイム 0.9 秒、直接作業者をゼロとした全自動高速無人化ライン、さらに、生産管理面をも考慮して、段取替え時間ゼロを目標とした。目標設定の考え方として、従来からの延長線上である真空管の改良を目指すのではなく、究極の理想であるトランジスタを目指したのである。

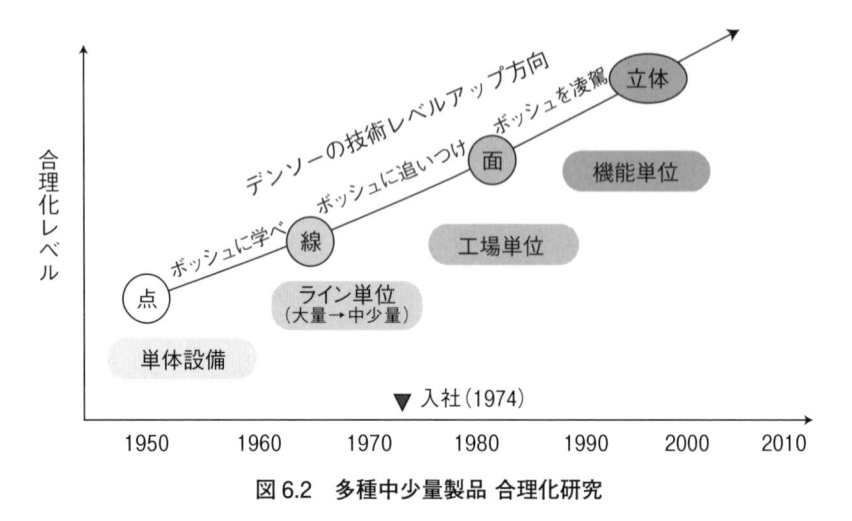

図 6.2　多種中少量製品 合理化研究

(3) 目標達成の手段

1) 製品づくり――最適設計

　世界一の製品の開発目標を達成する手段として、リレーとしての機能（小電流で大電流を切り替えるスイッチ機能）は同一としたまま、いかに材料を最小化（体格・コスト）できるかの最適設計を実施した。

　まず、負荷の適合範囲を明確化すべく、対象製品の負荷の種類と電流を調査し、必要寿命を明らかにした。続いて、スイッチ系の最適設計検討として、発熱に対する接点接触の信頼性（接点ギャップ、ワイピング量など）を考慮して板ばねを設計し、スイッチ系の体格を決定した。

　次に、駆動系の設計として磁気回路の設計（電磁石構造の決定）を検討し、コイル仕様の設計を行った。

　そして、リレー特性の最適性（体格、コスト）を決定した。

　従来、リレーの電磁石構造はヒンジ型で、組付け方向も上、下、横、の3方向であり、また体格、重量に影響を与えるエアーギャップや接点圧のばらつきも、組付け精度のばらつきが大きいことからムダが発生していた。

　これに対して、A1リレーでは、電磁石構造は同一吸引ギャップに対し最も

吸引力を出せる最適構造であるプランジャープレート型とし、また組付け方向も、全自動高速組付けに対応すべく、1方向組付け構造とした（図6.3）。

そして、製品の最小・最軽量のために素材ミニマムを達成すべく、エアーギャップ、接点圧ともばらつきを極限まで抑えた高精度寸法の製品構造とした。

しかしながら、これを実現させるためには従来の1/10ミリ台の組付け精度を1桁向上させた1/100ミリ台の組付け精度へ、また、従来の接点圧の組付け精度のばらつきも、小型リレーでは半減させるという、飛躍的な高精度組付け技術の開発が必要となった。

2）生産づくり──全自動高速無人化ラインへの挑戦

次に、理想の目標である高品質・高生産性を実現する全自動高速無人化ラインの手段・検討についてどう進めたかを振り返る。

まず、理想のリレー工場を描いた。部品加工から組付け、検査、梱包まで、一貫連続化された全自動無人化ラインの姿。設備の大きさは、製品の大きさを

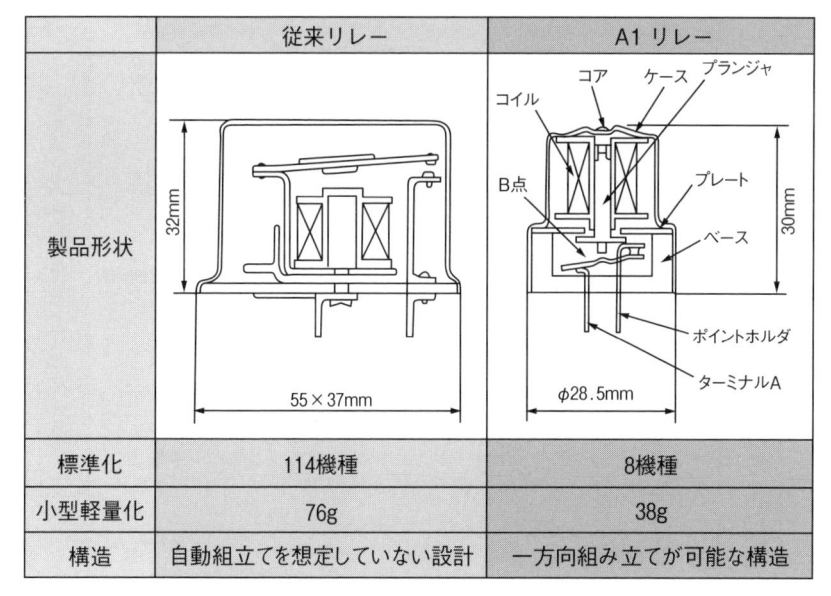

	従来リレー	A1リレー
製品形状	32mm / 55×37mm	30mm / φ28.5mm（コイル、コア、ケース、プランジャ、B点、プレート、ベース、ポイントホルダ、ターミナルA）
標準化	114機種	8機種
小型軽量化	76g	38g
構造	自動組立てを想定していない設計	一方向組み立てが可能な構造

図6.3 従来リレーとA1リレーの構造比較

ベースに、新規開発した超小型ローコスト組付けユニットで構成されている。極小スペース工場の姿。114種類の製品が、製品機能別で最小限の8種類に標準化され、その標準化された8種類のリレーが、流動制御盤の指示により段取替え0秒でジャストインタイムにランダム流動している姿。製品Assy洗浄システムと工場の清浄度管理による市場での異物クレーム不良が0の姿。リレーの全生産数量100万個／月に対応した0.9秒タクトの超高速ラインの姿。生産工場内の工程内不良0、製品検査不良0、自動車メーカーへの納入不良0、市場クレーム率0(ppmオーダー)の姿。高い品質と高い生産性により大幅黒字を達成している姿など、理想の姿をまず描いたのである。

次に、現場・現物・現実の三現主義に基づいて、徹底的にQ(品質)、C(コスト)、D(納期)について現状分析した(図6.4)。

把握した現状に対し、理想の目標の姿に結び付けるための課題を明らかにした後、次のステップとして、課題を解決するアイデアを抽出したのである。ア

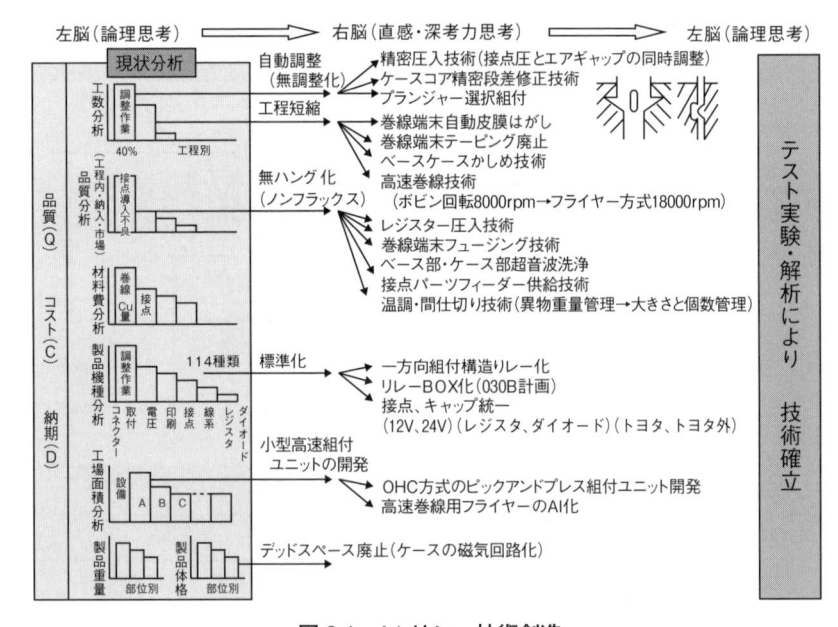

図6.4　A1リレー技術創造

イデアの抽出にあたっては、すべて「正」と「反」の現象で捉え、原理・原則を追究した。そして最終的に、これらのアイデアを技術確立すべく、理論解析とテスト機を製作し、実験・解析を繰り返すことにより実用化を可能としたのである。

3) あるべき仕事の進め方——組織としてのマネジメント

ここまで、理想の目標を達成させる技術開発の手段の進め方について述べた。これを実際に実行していくためには、技術力に加えて仕事のマネジメント力が不可欠となる。特に、仕事の規模が大きくなればなるほど、個人の力だけでなく組織力を最大限に発揮させる仕事のマネジメント力が必要となる。入社当時、すでに社内には、コンカレントエンジニアリング活動やプロジェクトマネジメント活動が、仕事のマネジメントとして定着していた。この組織としてのマネジメント力、すなわち共助である知の結集が、デンソーが世界一の製品や世界初の製品を継続的につくり出してきた源泉であるといっても過言ではない。以下、仕事のマネジメントについて紹介する。まず、あるべき仕事の進め方の原則について説明する（図 6.5）。

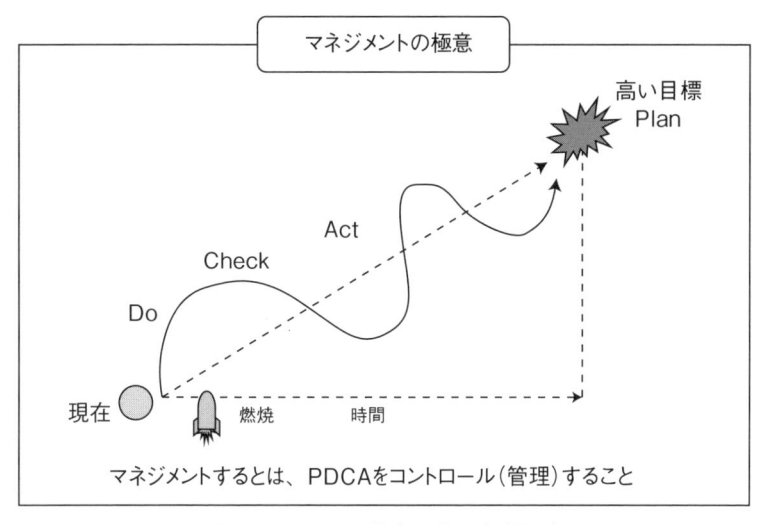

図 6.5 あるべき仕事の進め方(骨子)

あるべき仕事の進め方とは、高い理想の目標を実現させるために、時間の経過とともにP(Plan)、D(Do)、C(Check)、A(Act)をコントロール(管理)することである。なぜなら、目標を実現させてこそマネジメントといえるからである。図6.5に燃焼するロケットを記述しているが、この意味は、理想の高い目標に向かって技術力とマネジメント力が必要なのはいうまでもないが、最も重要であり、理想の高い目標に向かう原動力であるのは、人のモチベーションである人間力だということを表現している。

次に、あるべき仕事の進め方のための、好ましい姿と有効なツールについて表6.1に示す。

留意しなくてはならない点として、マネジメントするとは、大きなPDCAのサイクルを回すと同時に、PDCAのそれぞれについても小さなPDCAを回すことが必要であるということである。

P(Plan)の好ましい姿とは、まず、明確であること、すなわち誰が見ても納得できるように見える化されていることである。さらに必然性として、その目標がこれでよいのだという根拠が確かでなければならない。そして、そのP

表6.1　あるべき仕事の進め方

	好ましい姿	具体的内容
Plan	明確にして必然性ある短・中・長期の計画が立案されていること	・新製品開発計画書 ・次期型合理化研究計画書
Do	効率よく実施するための推進組織・陣容ができていること	・次期型製品研究会
Check	正しく確実なフォローアップ体制が確立されていること	・大日程計画表管理
Act	成果の把握方法が明確化されていること 基準化・標準化による技術蓄積がされていること	・$\frac{\text{OUTPUT}}{\text{INPUT}}$ 管理指標 ・試験研究報告書 ・特許・実用新案

(Plan)は、時間の関数として連続させるべく、短期、中期、長期の計画が立案されていなければならない。図6.6に、そのための有効なツールとなる新製品開発計画書(あるいは次期型製品合理化研究計画書)の例を示す。

次に、D(Do)の好ましい姿とは、効率よく実施するための推進組織・陣容ができていることである。いわゆるプロジェクトチームづくりであるが、デンソーには次期型製品研究会という組織がある。

次期型製品研究会とは、世界一製品の実現を目指し、事業部サイド(技術部、企画、製造部、品保部)と機能部サイド(生産技術研究部、工機部)が合同で研究推進する組織体である(図6.7)。現在、デンソーでは30近い世界一のシェア製品があるが、これらは、すべてこのプロジェクト組織の成果として生まれた。多種中少量リレーの合理化研究のテーマも、当時の電2事業部と生産技術部との合同研究会組織体である電2研で推進された。具体的には、事業部サイドが製品研究テーマを、機能部サイドが生産技術研究テーマを、責任をもって推進することとし、毎月1回、担当役員を交えて進捗管理を実施していた。驚くべきことに、今から40年も前に、会社の組織体として製品研究者と生産技

```
---------- 目次 ----------        ----------- 内容 -----------

1. 背景                            • 目標の明確化

2. 現状分析・評価                  • 徹底したベンチマーク

3. 開発目標の設定                  • 世界を凌駕する目標

4. 目標達成のための研究課題        • コア技術抽出

5. 推進組織・体制                  • 社内外英知の結集

6. 大日程計画                      • 進捗管理
                                    (設計、生技、品質、コスト)

7. 効果                            • 事業性評価
                                    (売上、利益、生産性、品質向上)
```

図6.6 新製品開発計画書

112　第6章　物づくり

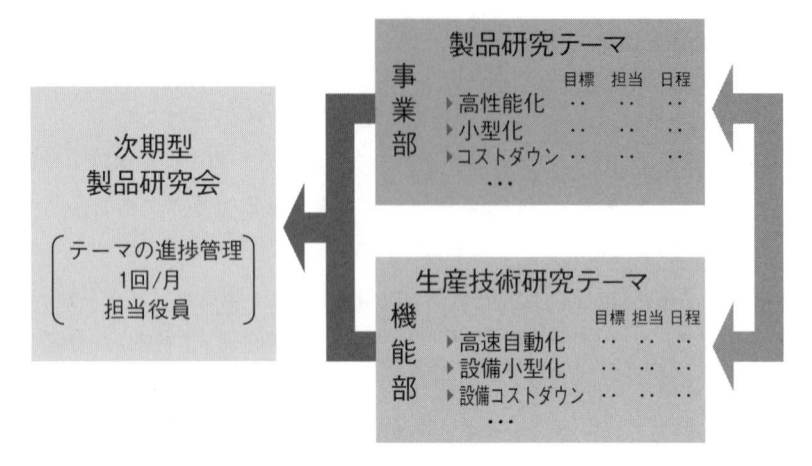

図 6.7　次期型製品研究会

術者が一体になったコンカレントエンジニアリング活動を展開し、世界一の製品づくりと世界一の生産ラインづくりを目指す場が存在していたのである。また当時から、世界一の生産ラインづくりのために、卓越した技術者と卓越した技能者が車の両輪として、総合力を発揮していたことはいうまでもない。

次に、C(Check)の好ましい姿とは、推進組織を正しくフォローアップする体制が確立されていることである。そのための有効なツールとなる大日程計画表を図 6.8 に示す。

これは、計画を全体計画、製品開発、生技開発・工程設計、設備計画、品質計画、原価企画に分けて、それぞれの主管部署を定め、計画の進捗管理をする表である。この表により、Q(製品・生産・品質)、C(コスト)、D(納期)についてのすべての進捗管理ができると同時に、各主管部署間の関連性についてもマネジメントできるのである。

最後に、A(Act)の好ましい姿とは、成果の把握方法が明確化されていることと、出た成果を基準化・標準化することにより、技術蓄積がなされている状態である。具体的なツールとしては、アウトプット／インプットを明らかにする管理指標、試験研究報告書、基準・規程類、特許・実用新案などがある。

6.1 多種中少量リレーの合理化——世界一A1リレー製品

主管部署						
全体計画	事業部	プロジェクト発足／経営役員会／事業審議会（設備審議会） 次期型研 プロジェクト推進会議			投資効果フォローアップ会議 少量生産　大量生産		
製品開発	技術部	製品企画／プロト試作／0次試作／1次試作 信頼性評価　信頼性評価　信頼性評価 量産出図			号試 信頼性評価		
生技開発 工程設計	生技部 製造部	調査／計画立案／生技開発 工程設計／ライン計画／生産準備（少量） 生産システム研究 合理化研究計画書　合理化実施計画書　工程管理明細表　生産準備（量産） 合理化終了報告書					
設備計画	生技部 工機部 製造部	［少量生産］　仕様書／設備設計・製作／検収 ［大量生産］　仕様書／設備設計・製作／検収　初期流動					
品質計画	品保部	材料加工 0次品保　分科会　1次品保　2次品保（少量）　2次品保（量産）					
原価企画		原価企画　チェック　チェック					

図 6.8　大日程計画表

あるべき仕事の進め方とは、組織としてのマネジメント活動（プロジェクトマネジメント、コンカレントエンジニアリングマネジメント）を展開し、実践することである。この組織としてのマネジメント活動は、三共の思想によって理想の高い目標を達成するのに非常に有効な手段である。強い個（自律）と強い和（共助）を両立させることこそ、これからの日本のものづくり力を最大化させる、まさに原理原則といってもよい。

(4) 競合状況
1) 他社調査

当時、自動車用小型リレーの競争相手は、国内は安さを武器にするM社で、海外は標準化と高い品質を武器にしたB社であった。また、非接触方式の半導体リレーが電気業界で実用化され、拡大している時期であった。さらに、工作機械業界のリレーは、高信頼性と長寿命を満足させるために、高価な窒素ガ

ス封入式の電磁リレーが採用されていた。自動車用リレーの開発にあたっては、それぞれの現状の製品実力(数量、機種、性能、品質、コストなど)だけでなく、将来の製品動向調査、各社の強みと弱みの把握、顧客からの評価結果情報の収集、生産実態調査など、同業者の競争相手だけでなく、異業種まで含めて調査対象とした。この結果、自動車用リレーは1台の車に最大9個使われており、量産効果を考慮しても、半導体リレーでは数百円までにしか下げられないことがわかった。また、工作機械用リレーは数千円かかり、とても自動車用リレーとして採用できないことがわかった。そのため、同業他社との競争力比較だけに集中した。M社は設計を主体として担当し、組付け・検査は、トラックで各家庭を回って委託生産する家内工業方式で実施しており、月産10万台までが限度であり、とても総需要の月産100万台には対応できない。また、家内工業方式のため異物対策の管理が十分でなく、接点導通不良の市場クレームが絶えないとの顧客情報を得ていた。一方B社については、自社としての製品の標準化・規格化が徹底的に実施されており、自動化ライン方式で量産していたが、手作業による調整作業も入っていることから、全自動ラインではなかった。

2) デンソーの戦略

　当時のデンソーのリレーは、M社に対して品質では圧倒的に勝っていたが、コストでは負けていた。製品材料レベルではほぼ同一でも、労務費と設備費を合わせた加工費の差により、製造原価で大きな差が生じていた。また、当時のデンソーのリレーは、顧客の担当者ごとの自由気ままな設計要求に対応する多機種設計方式であったため、標準品、規格品売込み方式のB社にとっては、逆に高い参入障壁になっていた。しかしながら、1970年代の後半から顧客である日本の自動車メーカーは、海外輸出競争力を増すために、経済合理性を最優先し、当時、車両に点在していたリレーを1箇所に集中配置し、ハーネスの削減とリレーの標準化、共通化を図る計画を進めていたのである。

　そこでデンソーでは、M社に対しては「品質」で勝つだけでなく「コスト」でも負けない、B社に対してはプラグイン端子の「設計対応力」で勝つだけで

なく「標準化とコスト」で負けない戦略を立案した。その達成手段として、最適設計、標準化設計による世界一の製品の開発と世界を凌駕する高品質と高生産性の全自動高速自動化ラインに挑戦し、完成させることができた。1980年のライン稼働から33年になるが、2013年1月の時点まで、製品、ラインとも健在で、生産稼働を続けていた。まさに、ダントツ製品とダントツラインを実現させた結果である。

多種中少量合理化研究を進めるにあたって、「動機・目的」としては、「良い物を、安く、世界の人々へ供給する」というあるべき姿を追究し、そして、それを達成させる「手段・内容」としては、製品づくりでは「材料ミニマムの最適設計研究」、生産づくりでは「高品質・高生産性の全自動高速無人化ライン研究」に取り組んだ。その結果、ダントツの製品競争力とダントツの生産技術力が獲得でき、世界一のシェアの製品に輝くことができた。次に、正しい「動機・目的」と正しい「手段・内容」はどうであったかについて、自分軸の設定と実践のステップで具体的に明らかにする。

6.2　物づくりにおける自分軸の設定と実践のステップ

(1) あるべき姿の追究——ムリ・ムダ・ムラのない物としての幸せな姿

前節の物づくりの例では、「製品づくり」において、要求機能に対して使用する材料を最小とする製品の姿をあるべき姿として追究した。また、「生産づくり」においては、高生産性、高品質により生産コストを最小化する全自動高速ラインの理想工場の姿を描いた。すなわち、製品でも生産でも、「ほんの少しのムリ、ムダ、ムラもなく、すべてが役立っている姿」を描いたのである。ちなみに、日本料理の鉄人と呼ばれる道場六三郎さんは、料理の極意とは、少しの材料も捨てることなく、すべて生かして「食材を成仏させること」であると述べている。つまり、物づくりとしてのあるべき姿とは、「ムリ・ムダ・ムラのない、物としての幸せな姿」であるといえる。

(2) 世の中の流れの把握——技術・製品のロードマップを知る

　物づくりの流れの把握とは、人間の欲求に基づく「価値づくり」を実現させる製品技術、生産技術、品質技術、システム技術などの、技術の流れを掴むことである。具体的には、製品づくり技術としては、材料技術、小型軽量化技術、性能向上技術、最適設計技術、製品システム技術、環境・省エネ技術などが、また生産づくりとしては、高速化技術、高精度加工・組付け技術、歩留まり向上技術、自動化技術、品質向上技術、新加工技術・新生産システムなどがある。物づくりの流れの把握とは、「ムリ・ムダ・ムラ」のないあるべき姿に向かっての「技術・製品のロードマップ」を明らかにすることである。もちろん、このロードマップを実現させるためには、「技術・製品としての原理原則の追究」が絶えず必要であることはいうまでもない。

(3) ポジショニング——物づくりの実力(技術・製品・事業・経営資源)

　国内需要が低迷する中で、1970年以降、輸出は従来の鉄鋼から自動車やハイテク製品に移行していた。その輸出拡大の有様は、飛ぶ鳥を落とす勢いで、まさにジャパンアズNo.1の時代であった。この時代は、従来の労働集約的な「安かろう、悪かろう」から、経済合理性を追究した「安かろう、よかろう」の時代でもあった。当時の日本電装(現デンソー)は、会社設立から4年後の1953年に、当時世界No.1の電装品メーカーであった西ドイツのボッシュ社と技術提携し、製品技術、生産技術、品質技術、管理技術を徹底的に学びとっていた。茶道でも、空手道でも、剣道でも、書道でも、その修行の過程を「守」「破」「離」の3段階で学ぶように、デンソーも、「ボッシュに学び」「ボッシュに追いつき」「ボッシュを追い越せ」を目指した。そして1961年には、全社一丸となってTQC活動を展開し、デミング賞を受賞したのである。こうして、製品技術力、生産技術力、品質技術力、管理技術力ともに、世界一の製品、世界一のラインに挑戦できる実力が備わってきたのだった。

(4) 自分軸の設定
1) 自分としての目的の設定──あるべき姿の価値と人間の欲求の価値

　1970年代当時の世の中のニーズは「安かろう、よかろう」であり、国際競争に打って出る海外輸出花盛りの時代であった。世の中の流れは高品質化と低価格化であり、事業拡大により利益を追い求めた経済合理性の追究にあった。このような状況の中、多種中少量リレーの合理化研究の取組みにおいて、筆者の目的を次のように設定した。まず、製品づくりにおいては、あるべき姿を目指し、徹底して「ムリ・ムダ・ムラ」を排除し、環境・資源・エネルギー面で貢献することと、生産づくりを通じて、生産コストをミニマム化し、低価格化に貢献することを考えた。この目的を価値という見方で見て、あるべき姿として、環境・資源／エネルギーの価値と、人間の欲求に基づく経済合理性の価値の、2つを設定したのだった。使命感である目的の根底には、「真によい物を安く世界の人々に供給する」があったのである。

2) 自分としての理想の姿の設定──国際レベルを凌駕する高い開発目標

　まず、あるべき姿として、環境・資源／エネルギーの価値を最大限に発揮させる究極の姿を描いた。具体的な製品開発目標としては、超小型化・超軽量化・超標準化の国際レベルを凌駕する世界一の製品を目指した。また、人間の欲求である経済合理性の価値を最大化させた究極の姿を描き、生産技術開発目標として、世界一の高生産性・高品質の全自動高速ラインの実現を目指した。すなわち、物づくりにおける自分としての理想の姿を、あるべき姿の価値と人間の欲求の価値の2つを最大限に発揮させた、国際レベルを凌駕する高い開発目標に設定したのであった。

3) 手段・内容の検討──右脳と左脳による原理・原則の追究

　製品づくりと生産づくりにおいて、国際レベルを凌駕する世界一の開発目標を、どういう手段・内容の検討ステップで実施したかについて述べる。

　まず、自分なりの目的から始まり、理想の姿として、国際レベルを凌駕するという高い開発目標を設定した。製品づくりの目標(体格、重量、コストをすべて半減)に対しては、従来のリレーを徹底的に現状分析(負荷の種類と電流調

査、必要寿命、接点接触の信頼性、製品構造、工法)し、そして、各種のアイデア案(スイッチ系構造、電磁石構造、製品構造、工法)を抽出し、さらに、理論と実験解析を繰り返すことによって、製品を確立した。また、生産づくりの目標の検討ステップにおいては、高品質、高生産性の極限を追究した全自動高速自動化ラインの実現のために、まずQCDに関わる現状分析、例えば、工数分析、品質分析、材料費分析、製品機種分析、工場設備面積、製品重量・体格分析などを徹底的に実施し、次に各種のアイデア案を抽出し、その案について理論検討、実験、解析を繰り返すことによって、生産づくりを実現した。

すなわち、製品づくりにおいても、生産づくりにおいても、理想的な目標を達成させるための手段・内容の検討とは、まず現状分析(左脳・論理)を徹底的に実施し、次に、それを実現させる各種の手段としてのアイデア案(右脳・直感)を抽出し、そして、そのアイデア案について理論検討、実験、解析を繰り返すことにより技術を確立し、完成させるのである。この手段・内容の検討思考プロセスを表6.2に示す。

手段・内容の検討とは、理想の高い目標を実現させるため右脳(直感)と左脳(論理)を使って、「物づくり」としての「技術の原理・原則」を追究することである。

4) ストーリー検討

① 競争力比較——競争相手と比較内容

先に述べた競争力比較では、競争相手として同業者のM社、B社だけでなく、家電業界、工作機械業界などの異業種で使用されているリレー製品まで調査対象を広げて取り組んだ。また、当時の技術革新であった非接触式の半導体リ

表6.2 AIリレー検討思考プロセス

[why] 目的	[what] 理想	[fact] 現状	[how to] 手段のアイデア	[the reason why] 検証
・経済合理性 ・環境・資源 　エネルギー	→ 全自動高速ライン ムダのない製品の姿	→ 手作業調整 余裕設計 多種・高コスト	→ 精密圧入技術 最適設計 標準化設計	→ 理論解析 テスト実験 にて技術確立
[左脳・論理]	[右脳・直感]	[左脳・論理]	[右脳・直感]	[左脳・論理]

レーの将来の動向についても、特に負荷、電流値、コスト面を詳細に調査し、自動車用としての展開の可否について判断した。さらに、その内容についても、最大限の情報を収集することとし、製品のQCDの競争力比較はもちろん、会社としてもっている技術力、品質力、組織マネジメント力などの内部ポテンシャル力にも注意を払った。

競争力比較では、競争相手は同業他社だけでなく、製品機能で見た異業種まで相手を拡げることが重要である。また比較内容としては、直接の製品競争力だけでなく、経営資源を含めたすべての結果系の因子（人、物、金、技術、情報、特許、制度・仕組み、風土、習慣、政治力など）を取り上げ、さらに可能な限りその因子の原因系まで情報取集しておくことが、次なる戦略的意思決定を行う際に非常に重要である。

② **戦略的意思決定——勝つ戦略と負けない戦略**

競争力比較の結果、当面の実質的な競争相手は、M社とB社に絞られた。この両社に対する戦略的意思決定として、競争力比較で明らかにした自社の強みによる「勝つ戦略」だけでなく、自社の弱みを補う「負けない戦略」も加えた。この結果、M社に対しては、品質に加えてコストでも勝つことができた。また、負けていたB社に対しては、多種中少量から製品の標準化により少種大量生産を図ると同時に、顧客の要求であるリレーボックスへの端子直結型という設計対応力の優位性を合わせて、生産性でもコストでも、サービス性でも負けない体制が確立でき、世界一のシェアの製品を実現できたのである。

戦略的意思決定においては、競争力比較データをもとに、「相手に勝つ戦略」だけでなく、「負けない戦略」を用意し、必要な際に実行に移すことが重要である。

(5) 仕組みの構築——ムリ・ムダ・ムラの歯止め、技術の暴走の歯止め

物づくりにおいて、あるべき姿に向かう流れから逸脱しないよう留意しなければならない点として、以下の3つのことがあげられる。

　① 人間が、技術そのものを「手段」でなく「目的」と誤って解釈し、本

来の目的である、あるべき姿の追究を忘れることがある。人間の煩悩や過度な欲求に支配されて、あるべき姿に向かう流れから逸脱することがないようにしなければならない。

② 技術を「手段」と理解しているにもかかわらず、技術としての「ムリ・ムダ・ムラ」が発生することがある。もったいないの精神に基づき、あるべき姿に向かっての流れから逸脱するのを止めなくてはならない。

③ 人類社会に多大な影響を与える技術にも関わらず、人間がコントロールできず、技術が暴走し、その結果、あるべき姿から逸脱してしまうことがあるので、これを防がなくてはならない。

この3つのうち、先の2つについては、社内検討会などの社内審査の仕組みづくり、ルール化などの実施により、物づくりでの正しい動機・目的、正しい手段・内容を確認することができるので、歯止めをかけることができる。

デンソーでも、仕事の進め方の検討会として、まず事業性と製品構想を審査する0次品質保証会議、次に製品設計・図面を審査して決定する1次品質保証会議、そして、その製品の生産システム・生産流動可否を審査する2次品質保証会議の3つの関所を設け、製品づくり、生産づくりの良否を判断している。具体的内容としては、0次品質保証では、開発目標値や構想設計などの妥当性を、1次品質保証では、詳細設計としてのパラメータ設計、公差設計、安全設計の確認と製品の品質確認状況などを、2次品質保証では、工程設計と工程管理指標のチェック、生産設備の工程能力調査、初品の品質確認と初品検査などを報告し、審査を受けるのである。ただし、仕組みがあれば完璧かというとそうではなく、いかに仕組みの精度を上げられるかが、非常に重要である。

3つ目については、技術の暴走は、仕組みの構築では手遅れでマネジメントできないことから、技術そのものを制御することを考える必要がある。

例えば、原発技術、遺伝子組換え技術、iPS細胞技術、人工知能技術などは、人間の手によっての制御が効かず、一方向に突っ走り、人類社会に大きな影響を与える可能性がある技術である。車にたとえれば、ブレーキの効かない走る凶器の状態になる可能性がある。では、これらの技術に対する制御は、どうす

べきだろうか。これらの技術については、技術開発の際に、必ず可逆性を同時に研究すべきだと考える。原発技術でも、核融合反応による増殖反応技術と同時に、一瞬にして減殖反応する可逆技術を開発すべきである。可逆技術をもっていれば、最後は人類の良心による制御が瞬時に可能となり、あるべき姿に向かわせることができるはずである。

第7章

デンソーにおけるものづくり研修の実際
人づくり、価値づくり、物づくり

デンソー技研センター(2001年にデンソーグループの教育の専門機関として機能分社化)では、次世代キーパーソンの育成を企業発展のための最重要課題として積極的に取り組んでいる。特に、和の精神で会社と個人を結びつける人づくり研修、イノベーションを促進する価値づくり研修、原理、原則を現場、現物、現実を通して理解する物づくり研修は、受講者に好評を得ている。

本章では、まず、デンソーにおける技術者育成の概要について述べたあと、ものづくりの3要素である「人づくり」「価値づくり」「物づくり」の研修の取組みについて紹介する。

7.1 技術者育成の概要[13]

(1) デンソー基本理念とデンソースピリット

最初に、デンソーにおけるすべての考え方の土台となる"デンソー基本理念"および全社員共通の価値観である"デンソースピリット"を紹介する(図7.1)。

"デンソー基本理念"の「会社の使命」を実現するために、全社員が"デンソースピリット"の柱である「先進」「信頼」「総智・総力」を共有し、世代や国境を越えて、一貫性をもったマネジメント、仕事を行っている。この3つのキーワードは、創業当初に掲げられた"社是"の精神のもと、暗黙のうちに培ってきたデンソーの強み、仕事上の価値観をキーワード化したものである。

(2) 人材育成の考え方と人材育成サイクル

デンソーの人材育成の考え方と人材育成サイクルについて説明する(図7.2、図7.3)。

人材育成の考え方は、あくまでも職場内のOJT(On the Job Training)教育と各人の自己啓発を基本とし、それを補完するために、共通基盤の全社Off-JT(Off the Job Training)教育を実施する。業務目標達成に向けて、高い専門性、創造性、国際性をもった人材の育成をOJT、自己啓発、Off-JTの三本柱で支援している。

7.1 技術者育成の概要

```
┌─ デンソー基本理念 ──────┐  ┌─ デンソースピリット ─┐
│      会社の使命        │  │    共通の価値観      │
│  世界と未来を見つめ     │  │     「先進」         │
│  新しい価値の創造を通じて │  │     「信頼」         │
│  人々の幸福に貢献する   │  │   「総智・総力」     │
│                        │  └──────────────────┘
│      経営の方針        │
│ ①魅力ある製品で　お客様に満足を提供する │
│ ②変化を先取りし　世界の市場で発展する   │
│ ③自然を大切にし　社会と共生する         │
│ ④個性を尊重し　活力ある企業をつくる     │
│                        │
│      社員の行動        │
│ ①大きく発想し　着実に行動する │
│ ②互いに協力し　明日に挑戦する │
│ ③自己を磨き　信頼に応える     │
└────────────────────────┘
```

図7.1　デンソー基本理念とデンソースピリット

　人材育成の仕組みとしては、①目標、②能力、③評価、④処遇の4つのサイクルを回す。まず、はじめに①目標を明確にすべく、各人が新しい価値の創造を実現できる力を習得するために、キャリア計画(キャリアデザインシート活用)に基づいた能力伸展計画(教育ナビゲートシステム活用)を上司とともに作成する。次に、その計画に基づいて、② OJT、Off-JT、自己啓発により、能力伸展を図る。そして、その成果は、③社内の技術検定や技術討論会を通じて公平に評価される。最後に、④職能資格基準、特許提案制度、発明改善提案などの基準、制度により、昇給、昇格、昇進、適切な配置などがなされ、適正な処遇へとつながっていく。この人材育成サイクルは、全社共通の価値観として制定しているデンソースピリットを核とし、デンソーの基本理念の実現に向かって全社員一丸となって進んでいくためのものである。

1. 会社の基本理念、方針を理解し、経営戦略・目標を実現しうる高い専門性・創造性・国際性を持った人材を育成する
2. 教育は各人の自己啓発と所属長が行う職場内教育を基本とし、その補完として、共通基盤の全社教育を行う
3. 人事部人材育成、関係各機能部、およびデンソー技研センターは本社と連携してニーズに合った実効ある全社教育を計画、実施する

業務目標達成

自己啓発
職場内教育
全社教育

職能伸展

デンソーは、会社の目標達成に向けて個人の能力伸展を支援

図7.2 デンソーの人材育成の考え方

・キャリア計画
・能力進展計画

教育ナビゲートシステム
キャリアデザインシート
……

・昇給、昇格、昇進
・適正な配置

職能資格基準
特許提案制度
発明改善提案
など

処遇（適正）　目標（明確）
評価（公平）　能力（伸展）

デンソースピリット

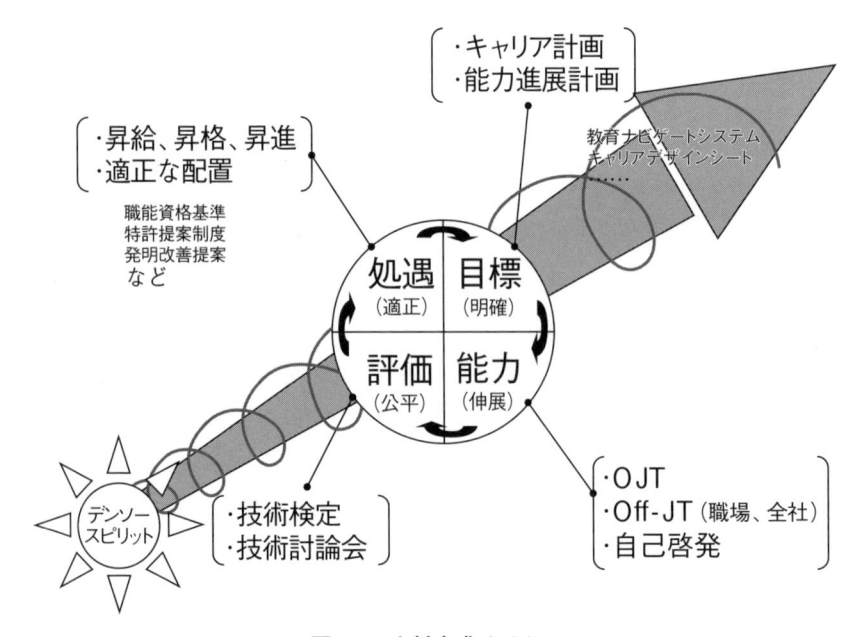

・技術検定
・技術討論会

・OJT
・Off-JT（職場、全社）
・自己啓発

図7.3 人材育成サイクル

(3) 目指す技術者像

次に、デンソーの目指す技術者像(図7.4)について述べる。技術者として目指す姿は、基本理念のもと、全社の羅針盤であるデンソースピリットをもって、「技術力」「人間力」「マネジメント力」の3つの力を磨き、新しい価値を創造できる姿である。

ここでいう「技術力」は、専門分野についての基礎、応用力と、幅広い視野での技術一般の知識であり、「人間力」は、使命感・信頼構築力・先見行動力や顧客追求・成果追求力、考えをまとめ上げる力・統制力・リーダーシップ能力・チーム活用力・育成力・フレキシビリティ・情報活用力などであり、また「マネジメント力」は、事業商品創出のイノベーションマネジメントと、業務推進のプロセスマネジメントを意味する。なお、「技術力」「人間力」「マネジメント力」は、「物づくり力」「人づくり力」「価値づくり力」に相当する。

(4) 教育体系と特徴

続いて、デンソー技術者の教育体系とその特徴について説明する。

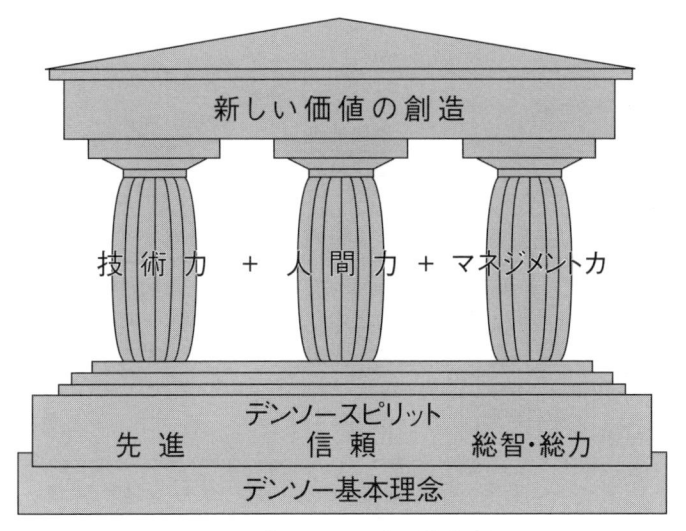

図7.4 デンソーの目指す技術者像

教育体系(図7.5)の特徴は、新入社員から役職者にいたるまで、一貫して「技術力」「人間力」「マネジメント力」について自分を育成できる点にある。この体系は、入社時の「新人研修」、全体を底上げする一般研修として「スキルアップ研修」、キーパーソンであるコア人材を早期に育成する選抜研修として「ハイタレント研修」の3つに大別される。

また、研修後の能力伸展を評価するために、入社3年目前後に受験する「技術検定試験」や、毎年の定期的な「技術論文発表・討論会」を実施している。技術検定試験は、若手技術者として必要なベースとなる共通科目学科と、職能ごとの業務にマッチした専門科目の学科と実技の3つで構成し、職能ごとに必要な技術レベルを明示し、若手技術者の早期育成に役立たせている。

さらに、デンソーの技術を12分野の学術体系に分類し、各分野にデンソーの最先端技術者(主責任者・核となる技術者)とデンソー技研センターの教育担当(分野担当・研修の責任者)を設け、分野ごとに各研修を横串して、新人から管理者までの教育を体系的に推進している。このようにして、顧客満足№1を達成すべく効果的な運営体制を整え、最適な教育カリキュラムを開発し、広くグループ各社に浸透させ、事業の発展に貢献できる優秀な技術者の育成に取り

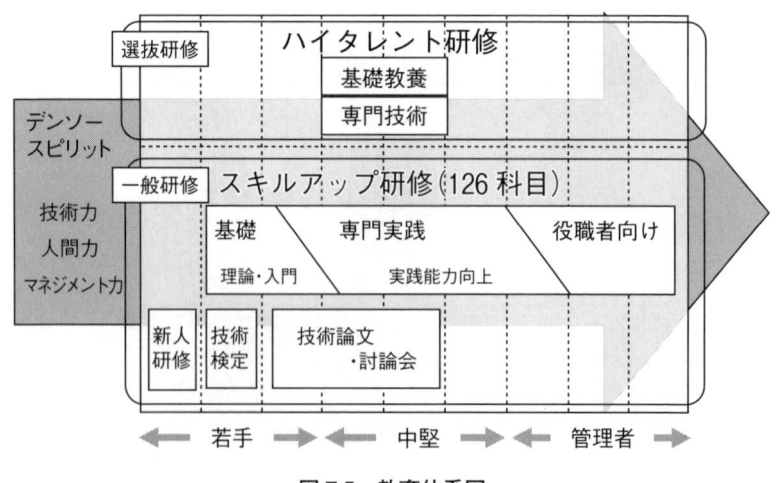

図7.5 教育体系図

組んでいる。

以下に、デンソーものづくり研修における「人づくり研修」「価値づくり研修」「物づくり研修」について、詳細を説明する。

7.2　人づくり研修「デンソーの歴史に学ぶ技術者スピリット」

(1) 概要

人づくり研修として、「デンソーの歴史に学ぶ技術者スピリット」と題した講義を実施している。この研修は、過去・現在・未来の時間軸の流れの中に受講生が自分を位置付け、会社と個人について「動機・目的」と「手段・内容」とを追究し、関係づけることにより、お互いの成長を目指すものである。先人の考え方への共感から志、使命感を喚起し、人としての品性の向上が、個人の幸福と会社の発展につながることを認識するのである。

(2) 研修の背景

デンソーは、1956年に「創業の精神」を記した「社是」を制定し、以降、従業員の共通の価値観としてきた。2005年には、この社是に込められた価値観を「デンソースピリット」として、「先進」「信頼」「総智・総力」の3つにキーワード化し、国内外の全従業員で共有化している。職場力の源泉は、個人の力と職場の和であるといえる。

一方、デンソーの発展、成長とともに、業務多忙と短納期、職場の構成員の多様化、業務の細分化、開発の効率追求による標準化が急速に進行し、その結果、職場力が低下する傾向にある。そのため、個人の力と職場の和との両方を強くする必要がある。

そこで、「デンソースピリット」の源泉と精神を理解し、会社の基本理念に基づいて行動することが必要であると考え、2006年より「デンソーの歴史に学ぶ技術者スピリット」を開講した。

(3) 研修の目的

研修の目的は、社員が共通の価値観を共有することにより、個人の「人間力」、職場の「職場力」、会社の「会社力」を向上させることである。

この研修では、「個人」も「職場」も「会社」も幸福になるためには、正しい「動機・目的」と正しい「手段・内容」を設定し、実践する必要があるということを学習する。この研修により、初めて「自分」と「会社」とを関係づけることができ、「人間力」「職場力」「会社力」がともに向上するのである。

(4) 研修の構成

本研修は、「会社」と「個人」という軸と、「過去・現在・未来」という時間軸の、2つの軸で構成される。(表7.1)。

「過去」の章では、創業からの歴史を通じて先人の精神(価値観、信念)に触れ、「デンソースピリット」の本質を学ぶ。また同時に、会社としての共通の価値観に基づく行動指針、先人達の行動と実績、その結果として得られた会社のブランド力、そしてこれらを取り巻く大目的である基本理念などを学び、「会社」としての正しい「動機・目的」と正しい「手段・内容」を理解する。

表7.1 デンソーの歴史に学ぶスピリット

章	概要	内容	形式
過去	会社の歴史	先人の精神を、会社の歴史から学ぶ	講義
現在	筆者の歴史	先輩技術者の生き様から先人の精神を学ぶ	
未来	将来を考える	夢と希望(将来の姿)をともに語り、描く	討議
	行動指針	キャリアプラン、ライフプランを考える	演習

次の「現在」の章では、講師である筆者が、デンソーでの成功や失敗、それらから感じたこと、学んだことを受講者に語りかける。受講者は、自分の将来を見据えながら、技術者としての人生を疑似体験し、個人としての正しい「動機・目的」と正しい「手段・内容」を学ぶ。

最後の「未来」の章では、現在のデンソーの発展があるのは先人の努力の結果であることをよく理解する。そして、受講者自身の将来の姿を描き、それについて語り合い、将来に向けたキャリアプラン、ライフプランを考える。会社から職場へ、さらには自らへと、技術者魂の創出を行うのである。全体を通して、自分達が会社をより発展させなければならないという高い志と強い使命感をもち、自分の未来を創造するカリキュラムとなっている。

(5) 研修の内容

次に、研修の内容について紹介する。研修は「会社の歴史」「筆者の歴史」「将来を考える」のすべてで、絶えず「正しい動機・目的とは何か？」「正しい手段・内容は何か？」を意識させ、考えさせるため、自分軸の設定と実践のステップに基づいて説明を行っている。

1) 会社の歴史

① あるべき姿の追究——会社としての目的・価値観

会社としてのあるべき姿の追究は、「世界と未来をみつめ　新しい価値の創造を通じて　世界の人々の幸福に貢献する」という、「デンソー基本理念」の姿をめざすことである。

その実現のために、社員としての共通の価値観、すなわち、あるべき姿に向かっての共通の羅針盤である「デンソースピリット」の本質を学ぶ。

② 世の中の流れの把握——モータリゼーションの流れ

企業における世の中の流れとは、産業発展の歴史であり、デンソーにおいては、まさにモータリゼーションの流れである。ここでは、社内の出来事と一般的な出来事を当社のあゆみとして振り返りながら、時代のニーズを把握する。

③ ポジショニング——小さな刈谷の町工場からのスタート

デンソーは、1949年にトヨタ自動車工業から累積赤字1億4千万、従業員1,445名で電装・ラジエータ部門が分離独立した会社である。戦後の不況も相まって当時の業績は極度に悪化し、会社設立2、3年後に従業員の30%超の人員整理という厳しい労使紛争にさらされた。まさに大逆風下の中での船出のポジションであった。この中で、社員全員が一丸となって創業の精神に則って、いかに会社を再建し、企業として成長、発展させるかの起点を模索していたかを学ぶ。

④ 自分軸の設定

・理想とする会社の目標の姿

設立当時、デンソーは「電装技術の専門化と向上を図る」という使命のもと、「海外にも飛躍できる企業を目指して」歩み始めた。初代林社長は「時流に先んずる」研究と創造を重視した社是を制定し、経営理念を明確にした。その後も、歴代のトップは開放体制要綱を始めとする要綱を次々と制定し、常に時流に先んじた明快な経営方針のもと、会社の総力を結集し、難関の克服と他社に勝る成長を目指したのである。

ここでは、電装・ラジエータ部門の刈谷の町工場から、世界一の自動車用システム部品の総合メーカーを目指すという、高い目標に挑戦し続けてきたことを学ぶ。

・手段・内容の検討

世界一の電装品メーカーへの実現に向け、1953年、当時世界一の電装品メーカーであったボッシュ社との技術提携によって、世界一流技術の修得を目指した。さらに、「品質第一主義」の取組みを全従業員に徹底して展開すべく、デミング賞にも挑戦した。そして、創業の精神に基づき、10年単位での30年計画で、世界一の製品づくりに挑戦したのである。

ここでは、会社として理想の姿の実現に向かってどう取り組んできたかを、自分軸の設定と実践のステップに照らし合わせながら受講者に認識させる。

次に、理想の目標に向かって諸先輩が苦労して積み上げてきた60年間の歴

史、デンソーをよくしようという情熱をもち、常に理想を追求した歴史を振り返りながら、品質(Q)、納期(D)、コスト(C)、安全・環境(S)、人間(H)の各要素について、「デンソー行動指針」を再確認させる。

例えば、品質は「1個の不良も許さないというZero Defectsの思想」、納期は「約束事は必ず守るという思想」、コストは「技術と技能でたゆまぬ改善の思想」、安全・環境は「人・地域・自然を大切にする思想」、人間は「切磋琢磨と全員参加の思想」である。

以上のことを通じて、受講者は「先人の行動から、スピリットに基づいた行動とは何かを学ぶ」とともに、「先人の行動を学び、自らの行動指針を創出する」のである。

⑤ 仕組みの構築──会社発展の本質を学ぶ

従業員1,445名、累積赤字1億4千万円で刈谷の町工場からスタートした会社が、30近くまで世界一シェアの製品を増やし、事業分野においてもエンジン関係、熱関係、パワートレイン関係、安全関係、ITS関係へと事業拡大を図り、自動車部品の総合メーカーとして、売上高3兆円、全従業員数16万人の確固たる地位を築くまでにいたった歴史を通じて、受講者は以下のことを認識する。

1. 会社としての基本理念、社是、デンソースピリット、行動指針、デンソーブランドについて、その意味と関係性を正しく理解する(図7.6)。
2. 会社が発展を遂げることができたのは、一つには、正しい「動機・目的」として「デンソー基本理念、社是、デンソースピリット」が制定され、全社一丸となってこの創業の精神を伝統として(不変)、守り続けてきたからである。そしてもう一つは、正しい「手段・内容」として「理想とするあるべき目標の姿を描き、この実現のために、デンソー行動指針を守りながら、まず、「守」では、ボッシュ社に世界一を学び(模倣)、次に、時流を摑みながら「破」「離」では、変化適応(創造)したからである。これらのことから、いかにして世界一を実現させてきたかを理解する。
3. 上記を実現させるために、会社をよくしようという先人たちの「燃えたぎ

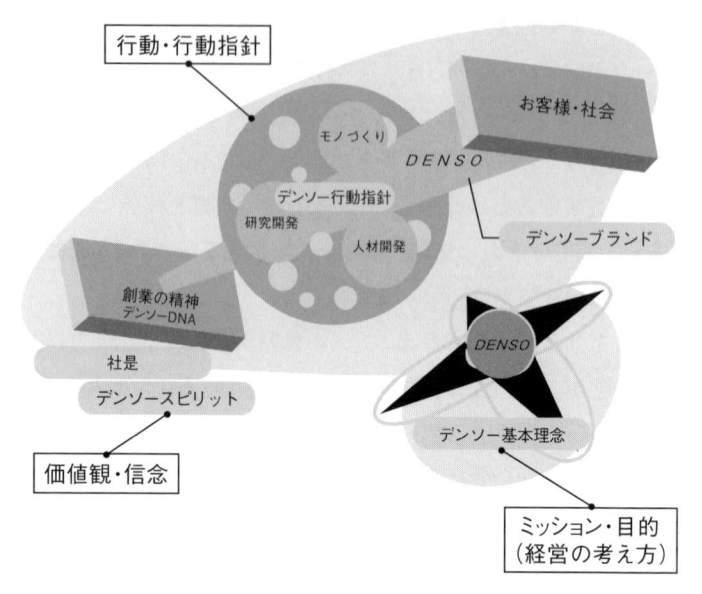

図7.6 社是、デンソースピリット、デンソー基本理念

る情熱」「血のにじむ思いでの数限りない努力」「世界一真面目なDNAの気質」の継承が必要である。こうした先人の考え方に共感をもち、人としての品性の向上が個人の幸福と会社の発展につながることを理解する。

2) 筆者の歴史

筆者の歴史では、「会社」でなく「個人」の切り口から、筆者自身の「成功」と「失敗」、「幸福」と「不幸」の「夢と修羅場のものづくり実体験」を受講者に語り掛け、受講者が疑似体験する。そして受講者自身が、「何のために働き、何のために勉強し、究極としては何のために生きるのか」といった個人の会社生活、人生生活の「動機・目的」と、「どういう会社生活を送るべきか、どう学んで実力をつけるのか、幸福な人生の過ごし方とは」といった「手段・内容」について考えながら学ぶ。こうした疑似体験から、受講者は、「個人」としての成功、すなわち個人としての幸福の条件を学ぶ。

以下、「筆者の歴史」の研修内容について紹介する。

① 受講者への問題提起

まず筆者の自己紹介として、デンソーに入社してからの、生産技術、技術企画、製品開発、経営企画、教育部門での、35年間の職務経歴について述べる。

続いて、会社生活を通じての筆者の夢と修羅場、成功と失敗、幸福と不幸の人生体験を説明し、幸福な人生を送るには、どういう考え方をして、どう行動したらよいか、すなわち、幸福であるための「動機・目的」と「手段・内容」はどうあるべきかについて、受講者に問題提起する。

そして、自分軸の設定と実践のステップを踏まえながら、以下の内容で議論を進めていく。

② あるべき姿の追究——人の役に立った幸せな姿

筆者の「夢と修羅場のものづくり実体験」、そして、理論としてマズローの欲求5段階説、コヴィーの人間成長過程について議論し、「個人」としてのあるべき姿が、「人間性を高めた人としての幸せな姿」にあることを受講者に認識させる。究極的には、「人のために奉仕する」という人間の煩悩を排除した自己超越の心境になることである。

③ 世の中の流れの把握——人間の欲求が原動力

人としてのあるべき姿に向かう流れとして、マズローの5段階欲求説を適用して説明する。受講者にとっての「幸福」の定義はさまざまであるが、マズローの5段階欲求説をそれぞれの幸福の5段階と解釈すれば、納得できる。さらに、人間の成長理論としてコヴィーの人間成長過程を対比して考えれば、より明確化できる。

④ ポジショニング——自分の実力を知る

筆者の会社生活の時代をマズローの5段階欲求説に照らしてみると、物質的な豊かさを求めた「承認欲求」の時代であった。筆者個人としても、高い志と夢と希望をもって仕事力を磨いてきたが、仕事の成果とともに「過度な自我の欲求」に陥り、自己中心、傲慢、不遜となり、人生の失敗を体験した。あるべき姿である「人間性の向上」を忘れた結果である。この筆者の失敗体験を通じて、受講者自らの人間性としての実力を見つめ直す。

⑤　自分軸の設定

・自分としての目的・理想の姿――人間性を高めた幸せな姿

　技術力、マネジメント力である仕事力を磨くという当初の目的から、失敗経験を通じて自己反省し、まず自分としての人間性の向上を図るという大目的を設定する。その理想の姿とは、「人間性を向上させ、人の役に立ち、仕事も、人間関係も、家庭も、健康も、すべてうまくいっている"自分としての幸福な姿"」である。

・手段内容の検討――心の学び方は「正」と「反」の両者と「継続性」

　人間が兼備する2つの相反する要素、例えば「心」と「頭」、「感情」と「理性」、「道徳」と「知恵」など、この両者を交互に磨いてこそ「自分としての納得感」にたどり着くことができ、はじめて自分のものにできる。すなわち、心の学び方における「手段・内容」のアプローチ法として、相反する「正」と「反」の事柄を二刀流でマネジメントすることが重要であることを学ぶ。

　そして、「手段・内容」の実践法として自己コントロールについて述べる。人間には煩悩があり、いくら正しい「動機・目的」や正しい「手段・内容」を理解し、行動できたとしても、続けなければ身につかないからである。

⑥　仕組みの構築――個人としての幸せの本質を学ぶ

　「動機・目的」と「手段・内容」が、「個人」と「会社」との間で関係づけることができれば、自分の「人間力」、職場の「職場力」、会社の「会社力」がつながるようになる(図7.7)。

　ここでは、以下のことを受講生に認識させる。

1. 「筆者の歴史」の疑似体験を通じて、会社生活において高い志をもって世界一の目標に挑戦すべく仕事力を高める努力をすれば、一時は成功するかもしれないが、考え方(心遣い)が誤っていれば、やがて失敗し、不幸となることを認識させる。
2. 個人としての幸せの条件は、考え方(心づかい)を正しくすることである。考え方(心遣い)を正しくするとは、「動機・目的」と「手段・内容」を正しくすることである。すなわち「動機・目的」は「人間性を向上させ、す

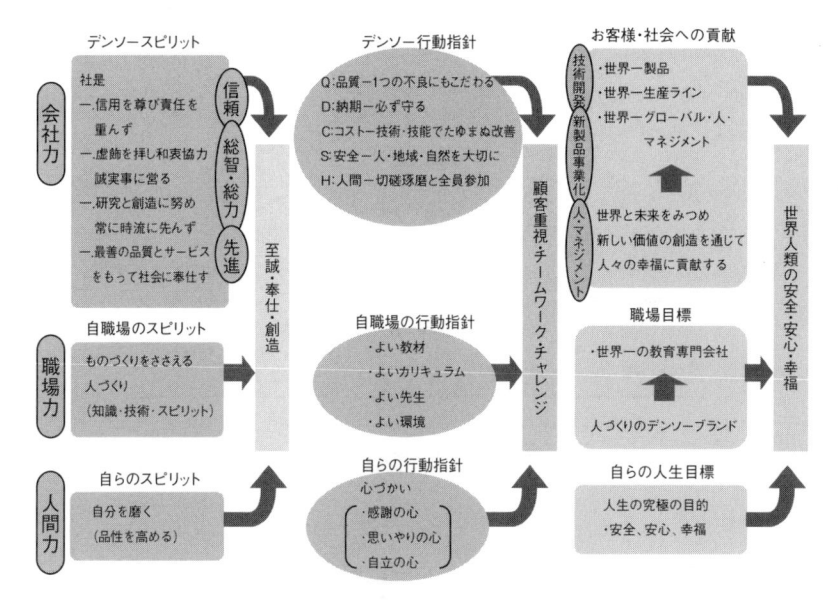

7.2 人づくり研修「デンソーの歴史に学ぶ技術者スピリット」 137

図7.7 筆者の歴史（筆者のスピリット）

べてに感謝して、人の役に立つ」ことであり、「手段・内容」は「品性向上を目指して原理・原則を追究する」ことであることを認識させる。

3. 「会社の歴史」と「筆者の歴史」の両者の本質を学ぶことで、共通の正しい「動機・目的」と正しい「手段・内容」が理解できる。「会社」と「個人」が結びつくことで（図7.8)、お互いの成長、すなわち幸福を目指せることを認識させる。

3) 自分のスピリット行動宣言

「会社の歴史」「筆者の歴史」に続いて、「受講者自らの問題」として、受講者各人が考える。自分自身の振り返り、グループ討議、講師とのQ&Aを通じて、これからの自分の生き方、すなわちキャリアプランとライフプランをイメージし、最後に自分のスピリット宣言をする。

この研修は、受講者対象を「新入社員向け」と「中堅社員向け」に区分して、2つのパターンで構成している。「新入社員向け」では、まず講師が、これか

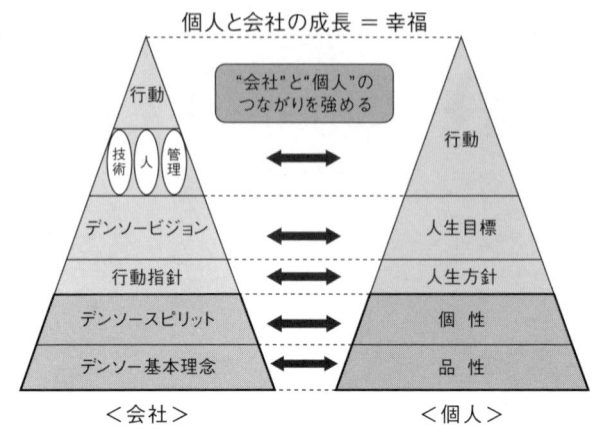

図7.8　個人と会社の関係

ら始まる受講生の「会社生活の将来予測」(表7.2)を説明し、「立ちはだかる壁と、その壁の乗り越え方」(表7.3)について説明する。そして、この点について講師とのQ&Aも含め、みんなで議論する。「中堅社員向け」では、まず現在職場で抱えている課題について、受講者同士でのグループ討議を実施し、職場でのモチベーションの壁を抽出する。次に、グループ発表を通じて職場での壁を全員で共有する。続いて、その壁の真の原因と、それを突破するための対応策(職場の仕組み、受講者自身)について、講師のアドバイスも交えながら全員で議論する。

そのうえで、「新入社員向け」「中堅社員向け」の両受講者ともに、これからの自分の旗となる自分づくりの「動機・目的」を明確化してもらうために、講師が「目指す人材像」を紹介する。そして同時に、自分づくりの「手段・内容」である「どうやって自分の実力をつけていったらよいのか」について、講師の体験を通じて受講者にアドバイスする。

以上のプロセスを通じて、最後に受講生が自分自身のキャリアプラン、ライフプランを意識しながら、「自分のスピリット行動宣言」を作成し、職場や自宅に持ち帰ってもらい、「行動」と「反省」を習慣化させるのである。

7.2 人づくり研修「デンソーの歴史に学ぶ技術者スピリット」 139

表7.2 受講者の将来予測

時系列	入社					
		技術単位	技術単位	製品単位	事業単位	グループ単位
		一通り体験 上司とペア	直接リーダー体験 部下をもって	製品開発 リーダー体験	製品事業化 リーダー体験	経営リーダー体験
必要能力	心	コミュニケーション能力	社内関連部署 (OS、期間工含む)		社外関連部署	グローバル関連部署
		技術者力(自分の精神、使命感、技術者倫理)				
	技	基礎技術		T型技術	マネジメント	技術経営
			専門技術			
	体		健康学(知育、徳育、体育、食育)			
立ちはだかる壁		配属先 上司との人間関係 業務多忙 技術力 部下との人間関係 業務多忙 技術創造力 社外との人間関係 技術マネジメント力 調整業務多忙 国際人としての人間関係 先見性 決断力 実行力 技術経営力					

表7.3 壁を乗り越えるには

壁		配属先	上司との人間関係	業務多忙	技術力	部下との人間関係	業務多忙	技術創造力	社外との人間関係	技術マネジメント力	調整業務多忙	国際人としての人間関係	技術経営力	壁を乗り越えるには例えば…		
課題	体			健康診断			健康診断				健康診断	海外出張での健康維持		健康学	・人間学 ・幸福学 ・知育、徳育、体育、食育 …	(パワーの源泉↓感謝↓報恩↓原理・原則の追究) 自らのスピリット
	心	セルフコントロール	対人スキル(ワンツーマン)			対人スキル(サンドイッチ)		メンタルヘルス	対人スキル(関係会社)		対人スキル(調整業務)		対人スキル(国際人)	心のマネージメント学	・プラス感情 ・プラスイメージ ・No.1理論 ・道徳科学	
	技			基礎技術			専門技術	技術・製品創造		戦略創造・商品創造			戦略創造・事業創造	創造学	・0ベース思考 ・目的思考 ・心思考 ・フルベース思考 ・戦略ストーリー思考 ・仮説思考 …	

デンソーにおけるものづくり研修の実際

第7章

4) 実施結果（効果・アンケート）

受講者のアンケート結果を図 7.9 に示す。役立ち度、理解度、満足度ともに 90％以上と、非常に高い結果となっている。特に満足度は、最高の評価が得られている。このことは、研修内容が単なる会社の歴史、理念、スピリットの内容紹介だけでなく、先人や講師の夢と修羅場の体験談も取り上げ、会社の歴史と個人の歴史とを関係づけて学べるよう工夫しているからである。また、過去・現在の話だけでなく、受講者自らが将来体験するだろう未来の姿についても講義、討論しているため、すべてが自分事と実感でき、自分のキャリアプラン、ライフプランとするため、受講者が高いモチベーションを得られるのだと思っている。

このアンケート結果から、「デンソースピリット」の本質を理解し、デンソー技術者として「個の視点」だけでなく、「和の視点」も踏まえて「自他」を意識し、自らの行動指針を創出できるようになったことがわかる。このように、会社の歴史を通じて先人の技術者がどのようにして革新的な技術を生み出してきたかを理解させることにより、受講者の技術者魂を醸成している。

5) まとめ

受講生が「会社」と「個人」とのつながりを「過去・現在・未来」の時間軸の中で同時にもつことができるようになり、個々の技術者魂の醸成による「人間力」のみならず、「職場力」と「会社力」の向上まで拡張できている。

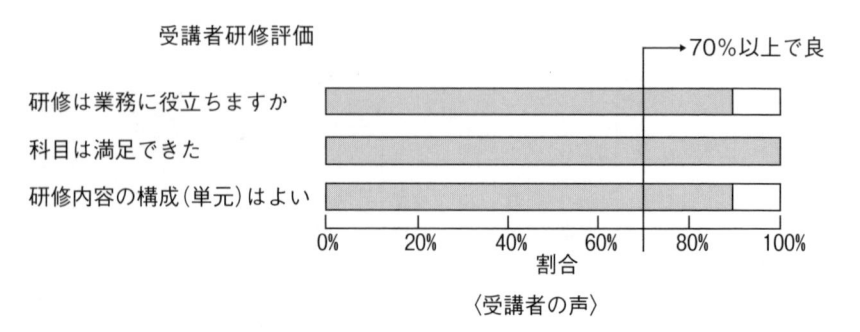

図 7.9　受講生のアンケート結果

さらに現在では、研修効果をより一層高めるため、従来からの Off-JT 研修の枠に捉われることなく、Off-JT と OJT とを連動させて職場への展開を図る「職場丸ごと研修」も加えて実施し、合わせて大きな成果を得ている。

2006年の開講以来、新入社員教育、中堅社員教育を含め、国内受講者総数は7年間で3,500名近くに上っており、中堅・若手技術者の大半に普及、浸透している。また同時に、海外からの海外拠点留学生へのグローバル展開も実施中である。

7.3 価値づくり研修

(1) 研修の背景[1]

デンソーでは、若手技術者が高いモチベーションをもって新ビジネスのコンセプトを創出できる研修を実現したいと考え、価値づくり研修に取り組んできた。これは、今の技術者に求められるのが高い専門技術知識とスキルだけでなく、昨今の多様化する社会に対応するために、新しい価値を創出する力が重要と考えたからである。デンソーには多数の技術者がおり、自動車用製品に携わる者が多いが、自動車用製品は、自動車メーカーの要求に対応した製品を開発し、自動車メーカーブランドで販売されるいわゆる OEM(Original Equipment Manufacturing)の形態が一般的である。そのため、デンソーの技術者はメーカーの要求や期待に応えるために、高い技術で忠実に実現しようという考え方をもつ傾向にある。

図7.10 に、従来型研修と価値創造型研修の位置付けを示す。OEM 的色合いの濃いデンソーでは、多くの技術者は新ビジネスをゼロから創り出す機会が少なかったため、従来の技術者研修は、図の右半分に示す理論、知識、事例研究などを学ぶことが中心であった。しかしながら、近年の事業環境の変化により、目指す目標が必ずしも明確とはいえない状況下では、図の左半分で示すよ

---

1) 本項は、文献 [14] を一部表記を変更して転載したものです。

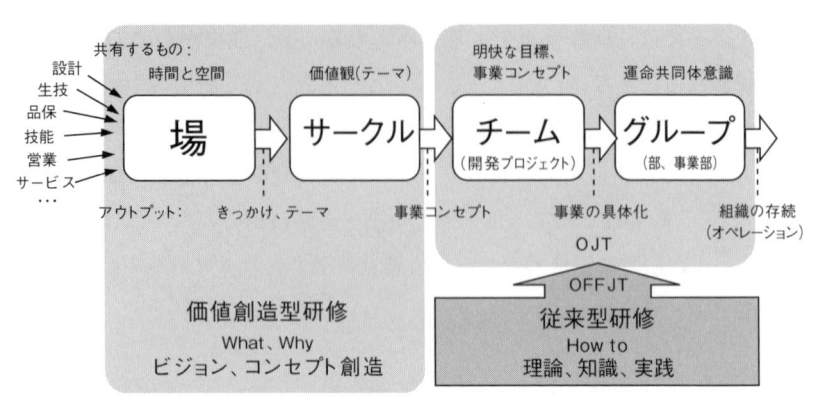

図 7.10 価値創造型研修の位置付け

注）文献［16］をもとに作成

うな，「何をつくるのか？」「なぜつくるのか？」を考える価値創造型研修の構築が，重要な課題となっていた[15]。

そこでデンソーでは，新たに価値創造型研修の構築に取り組むこととした。

(2) 価値創造型研修の構築――自分軸の設定と実践ステップ

1) MI式創造思考法の概要

価値創造型研修は，正しい「動機・目的」と正しい「手段・内容」を追究した自分軸の設定と実践のステップで構築する必要がある。すなわち，価値づくりは以下の4つの思考ステップで行う（**図 7.11**）。

① あるべき姿の追究として真理（トゥルース），使命感（ミッション）を求める。

② 世の中の流れを把握し，自分をポジショニングし，あるべき姿の中に自分なりの理想の姿（ビジョン）を描き，それを達成させる手段・内容を考え，コンセプト（誰に，何を，どのように）を立案する。

③ 描いたコンセプト案を競合他社と競争力比較する。

④ 競合他社に対し，勝つ戦略と負けない戦略のストーリーを検討し，コンセプト案を見直して最終的に意思決定する。

7.3 価値づくり研修　143

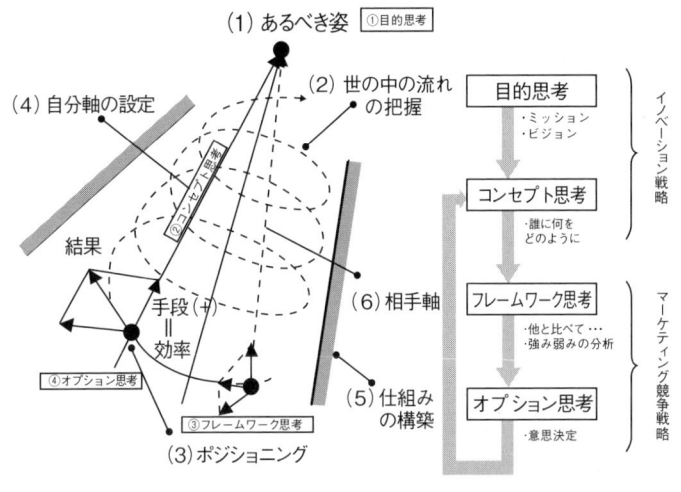

図 7.11　MI 式創造思考法

　この 4 つの思考ステップを、本書では①目的思考、②コンセプト思考、③フレームワーク思考、④オプション思考と呼ぶ。

　さらに、この価値づくりの 4 つの思考ステップは、まず「動機・目的」として「正しいモチベーション」を、次に「手段・内容」として「正しいイノベーション」を追究し、実践する。そして、この 4 つの思考法を合わせて行う一連の思考ステップを MI (モチベーションとイノベーションの意味) 式創造思考法と呼ぶ。

2) MI 式創造思考法の特徴

　次に、MI 式創造思考法の特徴について、従来の思考法と比較する。

①　イノベーション創造からモチベーション・イノベーション創造へ

　MI 式創造思考法は、あるべき姿を描き、正しい動機・目的［モチベーション］と正しい手段・内容［イノベーション］を連動して創造することにより、世界人類の存続、発展、安心、平和、幸福の姿を追求する。

　つまり、従来からの手段思考でのイノベーション創造でなく、目的思考からのモチベーション・イノベーション創造である。

② 競争戦略から目的戦略へ——レッドオーシャンからブルーオーシャンへ

通常、競争戦略として、マーケティング戦略やポジショニングベース型戦略、資源ベース型戦略などがあげられるが、これらは、いずれも相手に勝つことを目的とした戦略であり、いわゆる競争軸、相手軸の戦略であるといえる。

これに対して、MI式創造思考法は、目的を正しく設定することこそが戦略そのものであり、真理軸、自分軸の戦略であるといえる。この意味から、競争戦略は激しい血みどろの戦いの中でのレッドオーシャン戦略といえるし、目的戦略は他とは無関係に独自のわが道を行く、ブルーオーシャン戦略といえる。

③ ニーズ思考、シーズ思考からミッション・ビジョン思考へ

一般的に、コンセプト創造については、セグメンテーション、ターゲッティングのマーケティング戦略に基づく顧客ニーズ思考から創造したり、資源ベース型戦略に基づく技術シーズ思考から創造したりする。すなわち、現状をベースとした思考法といえる。

これに対してMI式創造思考法は、あるべき姿からミッション・ビジョンを描くため、現状に左右されない理想のコンセプト創造を生み出すことができる。また、これを実現させる手段においても、理想の手段を右脳と左脳を使って両脳思考して生み出すのである。

④ 勝つ戦略と負けない戦略——着手小局から着眼大局へ

勝つ戦略として、顧客に対しては選択し、コンペティターに対しては差別化し、自分の資源については集中して、一点集中でコンペティターを攻め落として勝つことが、最も効率的な戦い方だといわれている。「攻撃は最大の防御なり」の諺にもあるとおりである。

MI式創造思考法は「急がば回れ」で、直感だけでなく、論理的に漏れなく競争力を比較できることをねらっている。すなわち、自分軸の設定と実践のステップすべてについて、自分と考えられるすべての競争相手との競争力比較を実施し、競争相手に劣る項目がひとつでもあれば、対策戦略シナリオを追加し、絶対に負けない戦略を完成させるのである。

吉田兼好の『徒然草』に出てくる「勝たんと打つべからず。負けじと打つべ

きなり」であり、孫子の『兵法』に出てくる「敵を知り己を知らば、百戦危うからず」でもある。

⑤ 選択のマネジメントから変化のマネジメントへ

通常の意思決定は、目的を明らかにして、アウトプットを定義づけ、決定基準を決め、選択肢を抽出、結果を予測し、選択肢を評価し、意思決定する。すなわち、選択のマネジメントである。

これに対してMI式創造型思考法は、さらに時間経過に伴う競合他社の変化、市場の変化、自社におけるリスク、人間の欲求と技術に関する歯止めなどのリスクを考慮した、変化のマネジメントである。絶えず変化する諸行無常の世界感からすれば、最適な意思決定とは、絶えず変化に対応した意思決定の連続であるといえる。

以上、従来の思考法との相違点について述べたが、世の中には、数多くの経営戦略や発想法の書籍が紹介され、理論的にも、実践的にも、さまざまな角度から学術的に研究され、考察されている。特に、画期的な新商品の開発やビジネスモデルの革新などの過去の事例研究に基づいて、戦略論を実戦で適用するケース研究は、極めて有意義といえる。

本書では、あえて経営戦略的な見方での過去の事例研究ではなく、企業人としての筆者自身のモチベーションとイノベーションの夢と修羅場の経験から見出した、あるべき姿の追究と実践のステップをもとに、具体的なものづくり実践の方法を提言している。

3） MI式創造思考法の具体的な進め方

次に、「新しい価値創造に必要な思考法」であるMI式創造思考法について詳細を説明する。

① **MI式創造思考法の4つの思考ステップ**

a） 目的思考

図7.12に示すように、目的思考[18]は、トゥルース思考、ミッション思考、ビジョン思考の3つの手順で実施する。

手順1. トゥルース思考：「もったいないの精神」で真理・善行・美徳の世

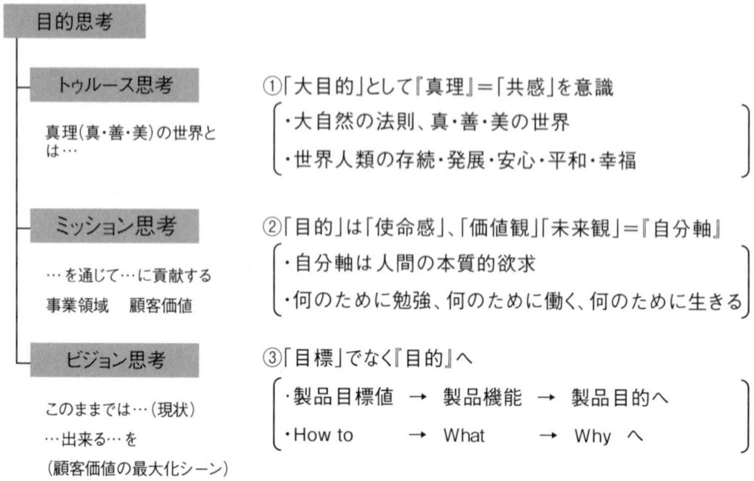

```
目的思考
├─ トゥルース思考     ①「大目的」として『真理』=「共感」を意識
│   真理(真・善・美)の世界とは…      ・大自然の法則、真・善・美の世界
│                                ・世界人類の存続・発展・安心・平和・幸福
├─ ミッション思考     ②「目的」は「使命感」、「価値観」「未来観」=『自分軸』
│   …を通じて…に貢献する          ・自分軸は人間の本質的欲求
│   事業領域　顧客価値             ・何のために勉強、何のために働く、何のために生きる
└─ ビジョン思考       ③「目標」でなく『目的』へ
    このままでは…(現状)            ・製品目標値　→　製品機能　→　製品目的へ
    …出来る…を                    ・How to　　　→　What　　　→　Why へ
    (顧客価値の最大化シーン)
```

図7.12　トゥルース思考・ミッション思考・ビジョン思考

界を意識し、あるべき姿(万物善の姿)としての本質価値を追究する。すなわち、大目的として環境価値・資源／エネルギー価値・人間向上価値を取り上げる。

手順2.　ミッション思考：トゥルース思考で取り上げた本質価値と、時代の流れの人間欲求価値とを合わせ、自分としての「使命感」(…を通じて…に貢献する)を決定する。すなわち、自分軸として貢献する事業領域と顧客価値(本質価値＋人間欲求価値)とを設定する。

　なお、人間欲求価値とは、時代の流れの把握から抽出した基本価値(機能追求)と付加価値(差別化追求)とから構成される。

手順3.　ビジョン思考：ミッション思考で設定した事業領域での顧客価値を最大限に発揮させる姿を、ミッション絵として理想の姿(ビジョン)を描く。

以上、目的思考を実践する手順を説明したが、ここでの最大の課題は、「顧客価値」を最大限に発揮させる理想の姿(ビジョン)を、どうやって創り出したらよいかという、実践の方法論に関する問題である。一般的に、物づくりの技術者は専門技術での原理・原則の追究については得手とするが、顧客価値を最大限に発揮させる理想の姿(ビジョン)を描くことは不得手である。

では、どうやって技術者が理想の姿(ビジョン)にたどり着いたらよいであろうか。

そこで、次に理想の姿(ビジョン)を創り出す方法論として10通りの思考技術のパターンを提案する(図7.13)。この考え方は、現状で成立している関係性の常識を創造的に破壊し、どのような考え方をすれば、理想のあるべき姿に向かうことができるかという観点から考察したものである。今まで述べてきた自分軸の設定と実践のステップの概念図(図3.4)を使って、あるべき姿の設定論

超常識思考
① フルベース(効率100)
② 0ベース(抵抗0)
③ プラスベース(-から+へ)
④ 心ベース(物から心へ)
⑤ 反対語ベース(正⇔反)
⑥ 融合ベース(正、反、合)
⑦ システムベース(ミクロ、マクロ)
⑧ 異次元ベース(次元超越)
⑨ 原点回帰
⑩ 和ベース(知の統合)

あるべき姿
目標(真理)

共助=Σ自律

現状

超常識思考
顧客価値→MAX→目標(ビジョン)
関係性変換

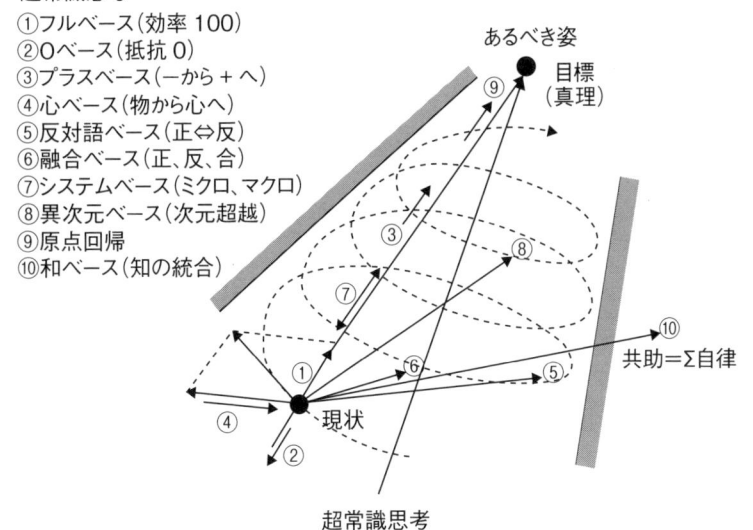

図7.13 目標(ビジョン)を創り出す超常識思考技術

と到達する道筋論から分類整理したものである。

あるべき姿の設定と到達する道筋を考えるということは、現状からどうやって最終的な理想のあるべき姿を設定するかという直接的な方法論と、いかに早く理想の姿に到達できるかという道筋を探索することにより段階的に理想の姿を求めていく方法論との2つである。この10通りの思考技術を「超常識思考技術」と呼ぶことにする。東京工業大学名誉教授の森政弘先生は、「超常識とは、常識を否定するのでなく、常識が本当に正しい天地の大道に合致するように常識のレベルアップを図る」ことであると定義している。「あるべき姿の追究」とは、まさに「天地の大道を追究」することであり、この意味からも、「超常識思考技術」の名がふさわしいと考えて命名した。

以下に、この10の思考法について解説する。

超常識思考1　フルベース思考

フルベース思考とは、現状に対し、あるべき姿に向かって価値を最大化させた、効率100%、効果100%の理想の姿を描くことである。

超常識思考2　0ベース思考

0ベース思考とは、現状に対し、あるべき姿に向かって価値を最大化させるに当たっての阻害要因となる「抵抗」＝0の理想の姿を描くことである。

超常識思考3　プラスベース思考

プラスベース思考とは、現状に対し、価値の延長線上を考え、究極の価値まで高めた理想のあるべき姿を描くことである。現状の問題点(マイナス)から解決した姿(ゼロ)を求めるのでなく、より次元の高い理想の姿(プラス)を求めるのである。

超常識思考4　心ベース思考

心ベース思考とは、世の中の流れの原動力である人間の煩悩を排除し、人間のあるべき姿として品性向上した理想の姿を描くことである。

超常識思考5　反対語ベース思考

反対語ベース思考とは、現在の位置から反覆循環する世の中の流れを先取りして、あるべき姿に早く到達する道筋として、反対の要素を考慮して理想の姿

を描くことである。

超常識思考6 融合ベース思考

融合ベース思考とは、世の中の流れが「正」と「反」を繰り返しながら「合」に向かって進むことから、「正」と「反」を融合した「合」の理想の姿を描くことである。

超常識思考7 システムベース思考

システムベース思考とは、現状のシステムをより拡張させて、より大きなシステムの範囲で理想の姿を描くことである。

超常識思考8 異次元ベース思考

異次元ベース思考とは、現状の位置からの延長線上でなく、異なる次元に飛躍して理想の姿を描くことである。

超常識思考9 原点回帰思考

原点回帰思考とは、最終的に向かうあるべき姿の原点としての価値を先取りして、理想の姿を描くことである。

超常識思考10 和ベース思考

和ベース思考とは、個人の力だけでなく、「場」を通じた組織の力であるべき理想の姿を描くことである。これはまさに、本書で述べている21世紀のものづくりのキーワードである「自律」に加えた「共助」、すなわち「共感・共生・共創」の三共の思想の実践を意味する。

以上、理想の姿(ビジョン)を創り出す10通りの思考技術について紹介したが、この超常識思考技術は21世紀の革新的なビジョン設定に当たっての重要な道具であり、天地の大道を求めた思考技術である。

b) コンセプト思考(誰に、何を、どのように)

目的思考で貢献する顧客価値とその理想の姿(ビジョン)が描けたら、次に事業創造としてのコンセプト思考を実施する。

コンセプトを創造するとは(**図7.14**)、現在の姿に対して理想の姿(ビジョン)が実現できると、誰(顧客)が喜び、どういう価値を得て(顧客価値)、どのよう

・事業化（ビジネスコンセプト化）するには

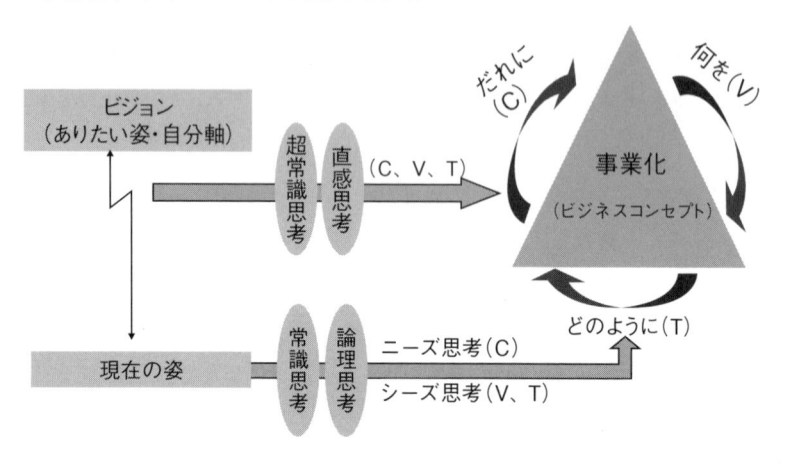

図7.14　常識思考と超常識思考（ニーズとシーズ）

に（達成手段）して実現させるかという、事業コンセプトを追究することである。

　このコンセプト創造の特徴は、理想の姿（ビジョン）を求めるために、通常実施される顧客からのニーズ思考でもなく、自社の強みを活かしたシーズ思考でもなく、自分としてのあるべき姿を求めた目的思考を起点としていることである。

　以下に、コンセプト創造を追究する具体的な思考手順について説明する。

■コンセプトを創造する1F6W1H法

① ミッション（使命感）として事業領域と、顧客価値（本質価値＋人間欲求価値）を設定する（左脳）…［Why］

② ミッション（使命感）を絵にした理想の姿（ビジョン）を描く（右脳）…［What］（Who、When、Where）

③ 現状［Fact］での関係性、成立性を論理的に把握する（左脳）…［Fact］

④ 現状［Fact］に対し、どうしたら新しい関係性の理想の姿（ビジョン）が実現できるか各種のアイデア手段を抽出する（右脳）…［How to］

⑤ 抽出した各種のアイデア手段を理論と実験によって原理・原則を追究

7.3 価値づくり研修 151

し、検証することにより最適手段を選択する(左脳)…[The reason Why]

これにより、誰に[顧客C(customer)]、何を[顧客価値V(value)]、どのように[手段T(technology)]が明らかにでき、事業コンセプトが明確になる。以上述べた、①から⑤までの手順を実施し、事業コンセプトを創造する思考技術を1F6W1H法と呼ぶ。この思考手順を図7.15に示す。

c) フレームワーク思考——競争力比較

フレームワーク思考(競争力比較)の具体的道具として、「自分軸の設定と実践のステップ」と「5フォース」とのマトリックスによる競争力比較表を提案する。

d) オプション思考——戦略的意思決定

最後に、フレームワーク思考で作成した競争力比較表を使って、勝つシナリオと負けないシナリオを立案し、戦略ストーリーを立てて戦略的意思決定を行う(表7.4)。

Why→What→Fact→How to→The reason why
　　[Who, When, Where]

① Why＝ミッション
……事業領域……を通じて
……価値……に貢献

② [ビジョン] [超常識思考]
What

④ How to [直感思考] [コンセプト]

Who
Where

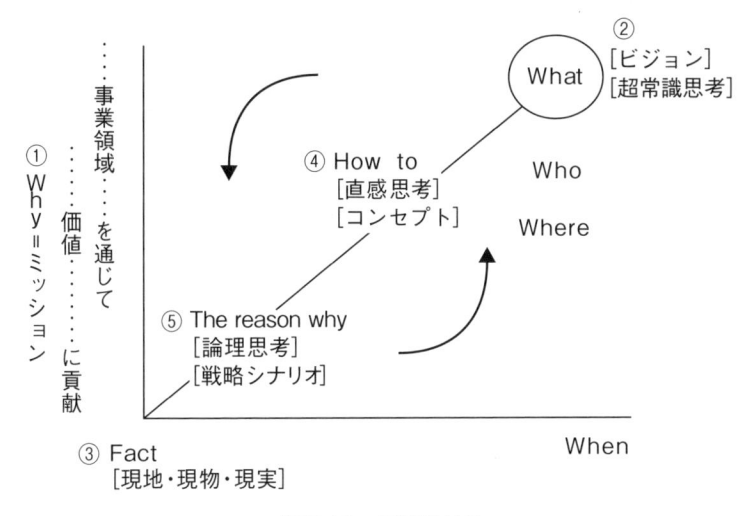

⑤ The reason why [論理思考] [戦略シナリオ]

③ Fact [現地・現物・現実]

When

図7.15　1F6W1H法

表7.4 オプション思考でのシナリオ検討表

[自分軸の設定と実践のステップ][自社][同業者][売り手][買い手][代替え品][新規参入者]

①あるべき姿の追究[本質価値]		←社会のニーズを生かすシナリオ
②世の中の流れの把握		←外部環境の変化を生かすシナリオ
	[基本価値]	（機能価値）
	[付加価値]	（差別化価値）
③ポジショニング	[市場での地位]	←市場での地位を生かすシナリオ（強み）
	[社内内部要因]	←社内経営資源を生かすシナリオ（強み）
④自分軸設定		
[1]目標の設定[価値]ミッション		←現在の価値の最大化、新たな価値の追加
	[将来像]ビジョン	によるシナリオ
[2]コンセプト・誰に[顧客]		←ベストパートナーシップを生かすシナリオ
・何を[顧客価値]		←本質価値、基本価値、付加価値での差別化
・どのように[手段]		
	①[商品]	←商品力の差別化を生かすシナリオ
	②[技術]	←技術力の差別化を生かすシナリオ
	③[戦略]	勝つ戦略シナリオと負けない戦略シナリオ立案
	④[マネージメント]	←マネジメントの差別化を生かすシナリオ
	⑤[ビジネスモデル]	←システム規模の相違を生かすシナリオ
⑤仕組みの構築 [歯止め]		
	①[人間の欲求]	←人間性向上を生かすシナリオ
	②[技術の可逆性]	←技術の安全性を生かすシナリオ

ただし、競争力比較表は"静止画"ではなく、"動画"であり[19]、刻々と変化することに注意が必要である。したがって、戦略的意思決定に当たっては、情報収集、分析を継続して実施し、その状況に応じて変化適応する戦略ストーリーを立案する必要がある。

(3) 事業／商品開発の基礎——研修事例[2]

1) 研修の概要

「事業／商品開発の基礎」は、部長推薦の若手技術者を対象としたハイタレント研修の一つで、「次世代ビジネスリーダーとして、事業商品開発プロセス

---

2) 本項は文献[14]を一部表記を変更して転載したものです。

の全容を理解してチャレンジできる実践力を養成する」ことをねらいとしている[17]。この研修は、現在、30歳前後の比較的若手の社員を対象に、9日間の日程で実施している。

2) 研修の構成

「事業/商品開発の基礎」研修の全体構成を示す（図7.16）。

研修初日は、事業環境を認識することで、新事業創出の動機づけを行う。

次に、マーケティングの基礎を学習したあとで、新しい価値を創造するための思考方法であるMI式創造思考法を学ぶ。その後、受講者ごとに新事業や新製品、新サービスのコンセプトづくりに入る。

3) 研修の特徴

次に、ハイタレント研修「事業/商品開発の基礎」の特徴を、図7.16に示す構成に沿って、①から⑥に分けて説明する。

① モチベーションアップから始める

本研修の受講生の中には、部長推薦で受講機会を得たものの、受講の意味をよく理解していないなど、必ずしも高いモチベーションをもった者が揃っているわけではない。そのため、初日に、以下の(a)、(b)、(c)によりモチベーショ

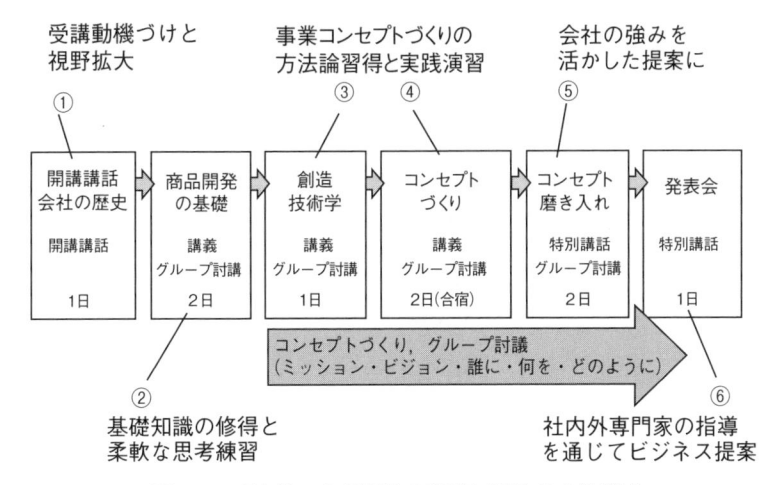

図7.16　「事業/商品開発の基礎」研修の全体構成

ンのアップを図っている。

　日ごろの担当業務で頭が一杯の受講者に、(a)「役員または社外権威者による講話」により、視点を高く視野を広くもちたいと思うきっかけを与えるように、(b)「会社の歴史を知る」ため、講義「デンソーの歴史に学ぶスピリット」を通じて先人が培ってきた過去を振り返り、受講者の現在と未来を考えるきっかけを与えるために考えて企画している。また、(c)「受講者自身が自分の課題を述べる」ことにより、能動的な受講スタンスを引き出すようにしている。(b)と(c)は連携しており、受講者は、先人の苦労を知り、また個人と会社の関係を知ることで「どうしてこの研修を受講するのか、何のために勉強するのか」と考えることになり、モチベーションアップにつながると考えている。

②　頭を柔らかくする

　前述のように、デンソーではOEM的な業務が多いことから、新しいビジネスをゼロから創り出す経験や知識を十分得ていない者が多い。そのため、次の3つに配慮して、「商品開発の基礎」を学ぶ時間を設けている。

　　(a)　商品開発分野の用語に慣れ親しむ
　　(b)　社外の状況、世間のトレンドに関心をもつ
　　(c)　ビジネスモデルまで考えてみる

　(a)は、受講者にとってたとえ不慣れな分野であっても、参加者が同じ言葉で会話できるように、(b)は、日ごろの業務を離れて些細なことでも興味を惹いたことは、自由奔放に考えることができる雰囲気づくりに配慮したものである。また、(c)は思いついたアイデアを委縮させないように心がけながら、顧客は誰か、何をどのように提供するのかまで、自分なりに一度通して考え、提案する内容としている。

③　ミッションとビジョンを考える——目的思考

　技術者は、「○○の新技術を使って小型で低価格な××製品を開発する」といった、技術シーズ志向で提案する傾向がある。このような提案は、職場の次期製品としてはよくても、本研修がねらう新ビジネス創出のためのコンセプトづくりという意味では物足りないため、受講者に次の2点を考えてもらう時間

を設けている。

(a) 新しく考えたアイデアのミッションは何か
(b) 新しく考えたアイデアのビジョンは何か

　受講者は、職場でミッションやビジョンについて考える機会が少なく、なかなか明確な意見を述べられないのが実情である。しかしながら、最初に考えた自分のアイデアを出発点にして、「何のためにやるのか」「どのようであって欲しいか」などの討議で理解を少しずつ深めていくうちに、今までよいと思っていた新商品や新サービス案が、実は別のもっとよい案で実現できることに気づく場合が多い。この段階では、「顧客は誰か、何を提供するのか」とも考えるが、(a)と(b)のミッションとビジョンを考えることに重きをおいて指導している。この過程を経ることで、斬新かつ成立可能なコンセプトづくりにつながると考えている。

④　グループ討議で深く考えコンセプト創出する——コンセプト思考

　本研修におけるコンセプトとは、ミッションとビジョンを通じて、顧客とは誰か、何を提供するのか、どのように実現するのかをまとめたものである。アイデアをコンセプトにまとめる際、ミッションとビジョンを考えることは、受講者の目線が高くなるので、よいコンセプトづくりに効果的である。

　しかしながら、ミッションとビジョンを考えすぎて、あまりにも高い目線に留まってしまうと、逆に現実的でないコンセプトとなってしまう恐れがある。

　そのため、本研修では、デンソーの目指す姿（環境・安全・快適・利便）などのキーワードや、マズローの5段階欲求説などの人間の本質的な欲求にも立ち返ったグループ討議を行い、顧客にとっての本当の価値は何かを深く考えるよう指導している[20]。

　また、別のよくある傾向として、目的と手段が入り混じり、アイデアが深まらずに、小さく留まることが多い。このような場合は、ミッションとビジョンに立ち返って、目的から考え直すように指導している。グループ討議の例を図7.17に示す。

　最初のアイデアが「自動走行が可能な車椅子の開発」の場合、ミッションと

図 7.17　グループ討議の例

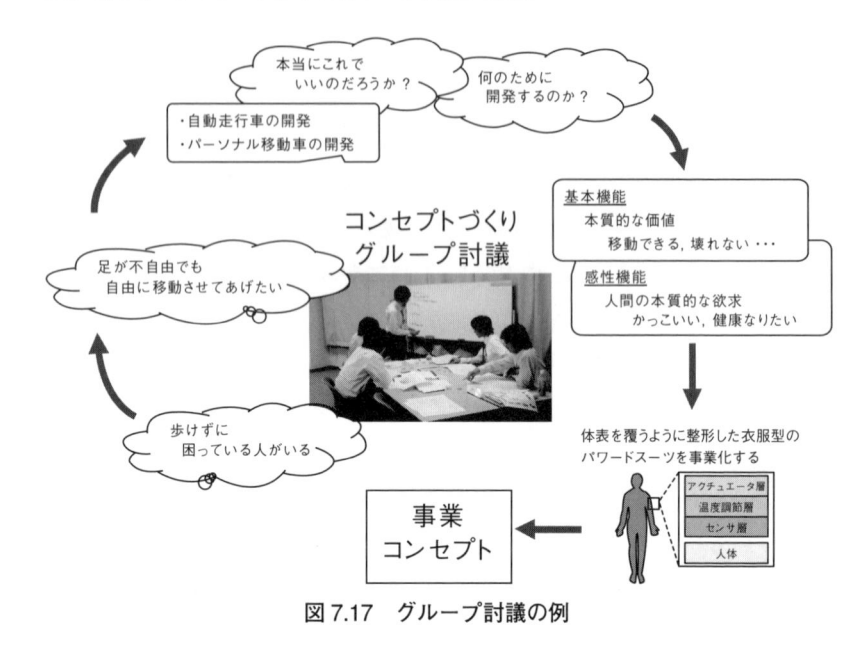

　ビジョンの討議結果は、「車椅子に乗っている足腰の弱い人が好きなところへ自由に移動できるように」であった。ところが、議論を進めると「自動走行の車椅子に乗れば乗るほど体が衰えるのではないか」という疑問が受講者から出てきた。

　ここから、自動走行車椅子の開発目的は、「素晴らしい技術で自動走行できる車をつくり上げること」ではなく、「車椅子利用者の足腰が少しでも回復して自分の力で好きなところへ自由に移動できること」ではないかという議論に進展していった。

　その結果、足腰の弱い人が好きな所へ自由に移動できるようにする「目的」を実現するためには、車椅子の開発という「手段」に固執するのではなく、まったく新しい案である「使えば使うほど筋力がアップするパワードスーツの開発」にたどり着いた。

　このように、顧客にとっての真の価値を見つけ出すために、ミッションとビジョンに基づいて考え、目的達成のためには手段に固執せず、本来の目的に立

ち返って他のよりよい案へアイデアを創出するよう指導している。なお、日ごろの業務から離れて深く考えることに専念させるために合宿形式にしているが、異なる部署間で研修時間内や夜遅くまで議論することで受講者同士の人的つながりが深まり、これが研修後も貴重な財産となっている。

⑤ 自組織の強みを活かして考える――フレームワーク思考

前述のように、受講者はグループ討議を中心としてコンセプトづくりを行う。しかし、ビジネスとして提案するためには、実現性や競合他社に対する優位性を抜きには困難である。そのため、構想したコンセプトの実現のために、自社や自分が置かれている組織の強みや特徴をどう生かせばよいのかを考えるように指導している。

なお、新しく考えたアイデアは、必ずしも自社や自組織の強みや特徴を活かせるとは限らない。活かせない場合は、不足部分を補う案も考えるよう指導している。前述のパワードスーツの場合、自動車分野で培った強み、例えば、センサーやモーターを使って安全に制御できる技術、生産技術などを積極的に活用することで、パワードスーツ利用者が安心して手ごろな価格で手に入れることができるという案に改良するよう指導した。

⑥ 社内外の専門家による指導を受ける――オプション思考

まとめられた事業化提案は、磨きをかけるために、新規事業の探索・推進の社内専門部署である新事業推進室のメンバーに説明し、講評を受ける。新事業推進室からは、多くの経験から現実的かつ具体的な指摘がある。例えば「パワードスーツの操作には訓練が必要ではないか」「誰がメインテナンスするのか」「車椅子を押していた看護師さんとの触れあいはなくなっていいのか」などの指摘である。

受講者は、その後1カ月程度のグループ活動でコンセプトを新ビジネス提案としてまとめあげ、研修最終日に役員または社外権威者の前で発表する。

なお、発表前には、技術者の本来の役割を見つめ直すために、社外講師(新事業コンサルタント)の特別講義を聴く場を設けている。この講義は、世界標準でトップシェアを獲得するために、「強烈な売りと凄い姿」と題して、何を

自分たちの武器にして、どのように動けばいいのかを考えるという内容である。研修終了後に、受講者が具体的にどう行動すればいいのかの指針として役立ててほしいと考えている。

最終日の役員または社外権威者の講評および講話は、発表内容自体の講評に加えて、普遍的な助言を得るまたとない機会となっている。例えば、実行段階で予想される会社内外でのさまざまな障壁や、それを乗り切る考え方のコツである[21]。このような先を見越した知見の披露は、受講者の今後の取組みに非常に役立つものになると考えている。

そして最後に、受講者一人ひとりが今後の自分の行動を宣言して研修を終える。

4) 実施結果（効果・アンケート）

受講生のアンケート結果を図 7.18 に示す。

項目は、満足度、理解度、役立ち度である。満足度は 90％以上と非常に高い。これに対して役立ち度は低い傾向にあったが、これは、受講生の現在の業務が、必ずしも新事業や新商品のコンセプトづくりではないためと考えている。受講生が本研修で学んだことは、将来、各自の夢やビジョンに基づいて新事業・新商品のコンセプトづくりをする機会に、必ず役立つと考えている。

なお、アンケートの自由記載欄には、「自分の将来のビジョンを考えるうえで参考になりました」「上位視点から具体化する際の着眼点は習得しきれなか

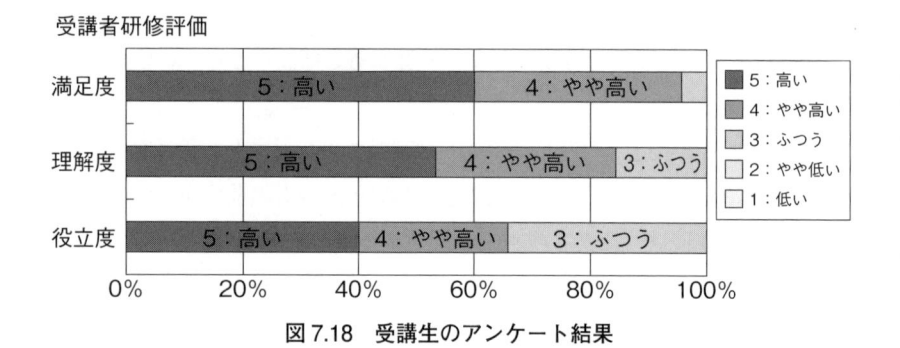

図 7.18 受講生のアンケート結果

ったが、これこそが自分らしさを出せる部分のような気がします」など、予想外かつ期待以上のコメントがあった。

5) まとめ

デンソーの技術者教育は、かつては理論・知識の学習や過去の事例研究が中心であったが、本書で紹介した現在行われている研修は、コンセプト創出力の習得を目指した価値創造型研修である。

研修効果を上げるために、モチベーションとイノベーションをセットで考えて構成したことに加え、この分野に不慣れで技術中心に考えがちな技術者の特性を考慮し、頭を柔軟にすることから始め、段階的に講義と討議を積み重ねている。そして、目的思考の重要性に基づいて、まずミッションとビジョンを考えて受講者の目線を高くし、現状とのギャップを明確にする。その後で、誰に、何を、どのように提供するかについて、異なる視点をもった他部署の受講者同士で、人間の本質的な欲求などにも立ち入って深く議論し、実現性や競合他社に対する優位性をもった新ビジネスの提案を目指している。まさに、「自律」と「共助」の実践であると考えている。

以上のように、価値づくり研修は、理論・知識・事例研究などを扱う従来型研修とは位置づけが異なる。多様化社会に直面している時代においては、ますます重要になる学習分野であると考えている。今後、本研修はOff-JTに留まることなく、OJTとの連動をさらに強力に推進する必要があると考えている。

7.4 物づくり研修

(1) 研修のねらいと到達目標

研修のねらいは、製品設計や生産技術の分野において、実在の物を対象として、製品設計の最適化や生産プロセスの最適化・効率化を推進できる人材を育成することである。

そしてその結果、物としてムリ・ムダ・ムラのない幸せな姿を実現させるとともに、企業として社会貢献しながら、永続的な事業成長、事業発展を図るこ

とである。

研修の到達目標は、物づくりとして正しい「動機・目的」と正しい「手段・内容」を追求し、実践することである。

具体的には、まず「動機・目的」として、製品要求仕様に対し「もったいないの精神」で素材ミニマム化した製品のあるべき姿を描く。次に、世の中の流れについて、製品のロードマップ、事業のロードマップ、技術のロードマップを理解したうえで、「手段・内容」として技術の原理・原則を徹底的に追究する。

以上の着眼点に基づいて、物づくりの専門技術研修は、「原理・原則」を学術分野で分類し、追究する体系をとっている。

(2) 研修の対象と内容——スキルアップ・ハイタレント専門技術研修

一般研修である「スキルアップ研修」(図7.19)は、全社員を対象に数日間の研修を行っており、12の学術体系、126科目からなる。

選抜研修である「ハイタレント研修」(図7.20)は、部長推薦のビジネスリー

スキルアップ研修(全技術者を対象)

ねらい	自らの専門分野及び関連分野の技術とノウハウを修得し、業務に活用する。
科目数	学術体系 12分野 119科目

<カリキュラム紹介>

学術体系	科目例	科目数
熱流体	「流体工学」「伝熱工学」「熱流体計測」「熱流体数値解析(初級)/(中級)」等	6
電気	「初心者のための電気・磁気学」「電気機器(初級)/(中級)」「パワーエレクトロニクス」等	5
電子	「電子回路(初級)」「半導体デバイス」「EMC技術」「半導体技術(コーディネータ編)」等	7
情報	「UML基礎/実践」「ソフトウェアプロジェクト管理(基礎編)」「構造化設計基礎」等	14
自動車	自動車工学(初級実習編-シャシ-足回り-)「自動車用エンジン」「自動車の新技術」等	6
制御	「制御の実践I」「制御の実践II」「MATLAB/SIMULINK」	3
生産	「造形加工(初級)」「加工CAE(初級)」「接合技術(機械系)」「工程能力」「五感教育」等	22
材料/材料力学	「ねじ締め」「金属材料(中級)」「ゴム材料(中級)」「有機化学反応論」「腐食防食技術」等	22
計測/信号処理	「画像計測」「非破壊計測」「振動工学」「官能評価(初級)」「幾何偏差測定」「信号処理」等	9
設計工学/数学	「エクセルによる機械設計計算」「情報数学」「光応用技術」「IT活用による業務変革」等	7
品質	「品質教育」「SQCベーシック」「QAネットワーク」「多変量解析法」「設計FMEA」等	8
技術者教養	「技術者倫理」「テクニカルコミュニケーション(顧客プレゼン)」「技術者スピリット」等	10

図7.19 スキルアップ研修

7.4 物づくり研修

<ハイタレント人材育成の考え方>
2～3年間かけて、「専門技術」コース、「基礎教養」コースを受講することで、T型能力をもった実践リーダの継続的育成を実施する

[T型]
技術マネジメント力・グローバル対応力
現地現物（知行合一）
事業化提案力
専門技術力
軸足となる専門性

基礎教養コース：（15日間）

科目	目標
国際プレゼンテーション	英語でのプレゼン作成、発表能力を習得
国際ルール	海外交渉で必要な契約、独禁法の知識を習得
事業商品開発基礎	事業商品開発手法をマスターし、各開発ステップに対して、自職場に応用できる

専門技術コース（25日間）：選択1コース

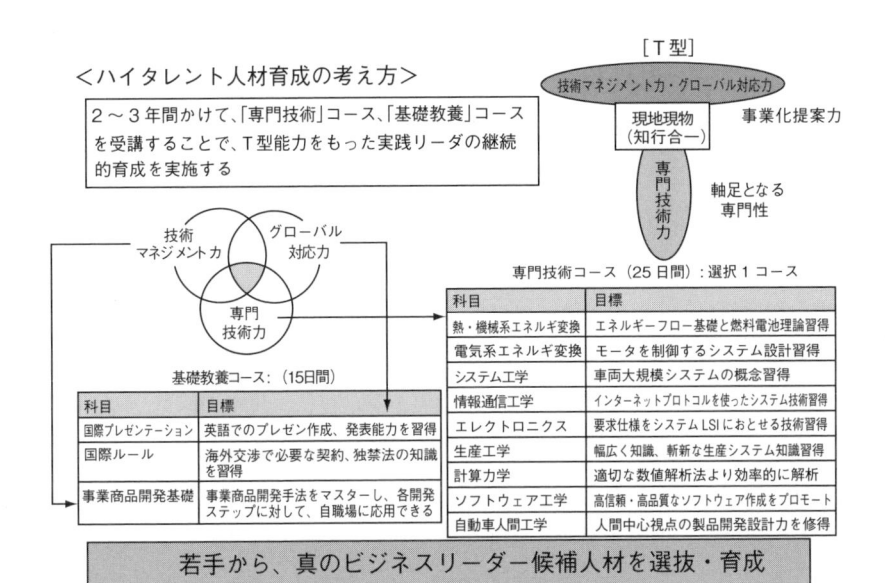

科目	目標
熱・機械系エネルギ変換	エネルギーフロー基礎と燃料電池理論習得
電気系エネルギ変換	モータを制御するシステム設計習得
システム工学	車両大規模システムの概念習得
情報通信工学	インターネットプロトコルを使ったシステム技術習得
エレクトロニクス	要求仕様をシステムLSIにおとせる技術習得
生産工学	幅広く知識、斬新な生産システム知識習得
計算力学	適切な数値解析法より効率的に解析
ソフトウェア工学	高信頼・高品質なソフトウェア作成をプロモート
自動車人間工学	人間中心視点の製品開発設計力を修得

若手から、真のビジネスリーダー候補人材を選抜・育成

図7.20　ハイタレント研修

ダー候補を対象に、2年かけて、技術ロードマップに基づいた専門技術と、技術マネジメント力、グローバル対応力などの基礎教養を習得する。軸足となる専門性（I型）とともに、事業化提案力を兼ね備えた（T型）コア人材候補となる実践型リーダーの育成を目的としている。

スキルアップ研修では、技術者教養分野を除いた全11学術分野、ハイタレント研修では、基礎教養コースを除く専門技術コースのすべてが対象となる。

(3) 研修の特徴——原理・原則を追究する複合型研修[22]

物づくり研修では、全科目で原理・原則の追究を掲げ、座学中心の研修から、現場、現物、現実、そして討議を効果的に織り込んだ複合型研修へと改善している。

受講者は、複合型研修でムリ・ムダ・ムラを排除する技術についての講義を聞き、現場でその技術が使われている現物を確認する。そして、考えたこと、

疑問に思ったことを徹底的に討議する。このようにして、始めは知識レベルであった技術が自分の腹に落ち、新しい発想や創造の源となる。

日本能率協会経営革新研究所編『技術者教育の研究』によれば、討議を織り込んだ教育の時間当たりの学習効率は、座学のみの教育と比較して、4倍程度の研修効果があると言われている。そこで、研修の要素を5段階に層別し、その研修効果を数値化したグラフを図7.21に示す。

複合型研修は、3つのステップに分かれている。

最初のステップでは、原理・原則を中心に理論を座学で教える。

そして次のステップでは、現地・現物実習を前提に、現物の回覧や実習、見学による「見る」「触る」を通じて、座学で得た知識を見識にまで高める。見識とは、物事の本質を見通す判断力である。

そして最後に、討議や発表、課題解決を通してケース・スタディや自職場のテーマを追求することで、見識を胆識のレベルまで引き上げる。胆識とは、反

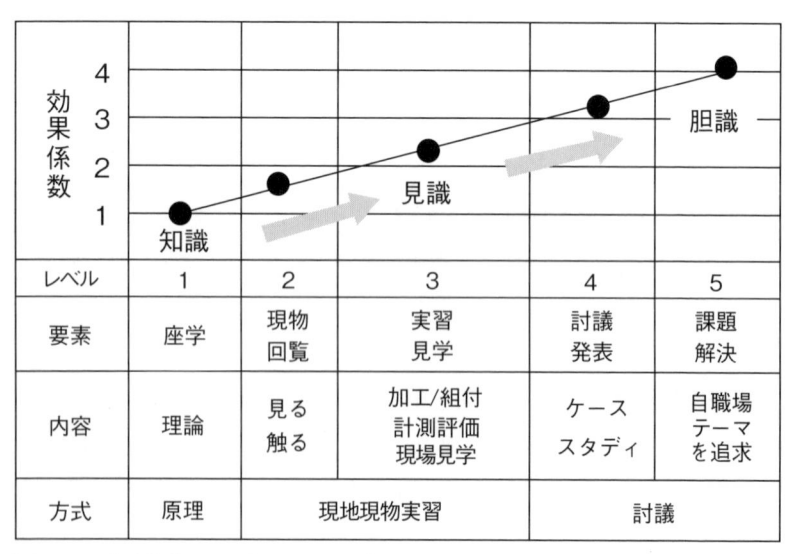

レベル	1	2	3	4	5
要素	座学	現物回覧	実習見学	討議発表	課題解決
内容	理論	見る触る	加工/組付計測評価現場見学	ケーススタディ	自職場テーマを追求
方式	原理	現地現物実習		討議	

出典：日本能率協会経営革新研究所編：『技術者教育の研究』、日本能率協会、pp.176-180をもとに作成

図7.21　現地現物レベルとその効果

対意見に流されることなく正しいと信じたことをやり遂げる力、つまり、実行力を伴う見識である。

　次章では、「次世代への提言」と題して、ものづくりステップについて、21世紀の新たな日本流ものづくりとして総括して提言する。

第8章

次世代への提言
―― 21世紀の新たな日本流ものづくり

第8章 次世代への提言

本章では、本書のまとめとして、はじめに、これまで述べてきたものづくり体験における自分軸のステップについてまとめ、その本質を明らかにする。

次に、この自分軸のステップの本質を、普遍的な歴史的事実の本質と比較検証することにより、持続可能な成功を実現する「21世紀のものづくり実践ステップ」として提案する。さらに、この「21世紀のものづくり実践ステップ」を実際に日本流ものづくりとして実践する際の留意点について日本と欧米とを比較しながら体系的に整理し、「21世紀の新たな日本流ものづくり」として具体的な方法論について言及する。

8.1 ものづくりにおける自分軸のステップのまとめ

ここまで、第4章の「人（自分）づくり」、第5章の「価値づくり」、第6章の「物づくり」それぞれで、正しい「動機・目的」と正しい「手段・内容」を明らかにすべく、自分軸の設定と実践のステップにより述べてきた。ここでは、「人（自分）づくり」「価値づくり」「物づくり」の3つの要素を貫く「ものづくり」における「自分軸の設定と実践のステップ」のキーワードを抽出し、まとめとして、正しい「動機・目的」と正しい「手段・内容」についての本質を明らかにする。

(1) キーワードの抽出
1) あるべき姿の追究――万物が幸福

人（自分）づくりでは、あるべき姿は「自分の人間性を高めた人としての幸せな姿」であると述べた。次に、価値づくりでは、あるべき姿は「世界人類の幸せに貢献している姿」と述べた。そして、物づくりでは、あるべき姿は「すべてが役立っている物としての幸せな姿」を実現させることであると述べた。

これらのことから、「ものづくり」としてのあるべき姿は「人としての幸せな姿」であり、「世界人類の持続可能な幸せな姿」であり「すべてが役立っている物としての幸せな姿」であり、すなわち、「万物が幸せな姿（本書では「万

物善」と呼ぶ）」である。「すべてが生かされている万物善の世界」の追究こそ、ものづくりの「動機・目的」の本質である。

2）世の中の流れの把握――人間の欲求が原動力

世の中の流れを生じさせている原動力は、マズローの5段階欲求説での「人間の欲求」であり、これに従って人間性を向上させる人（自分）づくりの流れも、嬉しさを創造する価値づくりの流れも、製品・技術・事業をつくり上げる物づくりの流れも決定される。

以上のことから、「ものづくり」としての世の中の流れの把握とは、「人間の欲求」の把握である。そして、その「人間の欲求」を把握するためには、世の中で生じている現象を取り上げ、その原因を摑むことが重要であり、それにより明らかにすることができるのである。

3）ポジショニング――三現主義・三目主義による関係性の把握

ポジショニングとは、世の中の流れの中での自分の位置と、あるべき姿に向かうための自分の実力を、現場・現物・現実の三現主義に基づいて正しく把握することである。

人（自分）づくりでは、現在の自分の欲求段階の把握と、究極の自分の姿に対して何が不足しているかを明らかにすることであった。また、価値づくりでは、今の世の中の価値の把握と、理想の価値の姿に対して現在の実力（価値・自社の経営資源）を正しく把握することであった。さらに、物づくりでは、製品の流れ、技術の流れ、事業の流れの中での現在の位置を確認し、あるべき姿の実現に対して、現在の実力（製品・技術・事業・経営資源）を正確に把握することであった。

これらのことから、ポジショニングにおいて現状分析するためには、まず世の中の流れを変化させている3つの因子である「時間」と「空間」と「相互作用」を把握する必要がある。「時間」と「空間」の変化と同時に、「相互作用」、すなわち「現状を取り巻く関係性」は変わる。したがって、この観点から3つの変化因子を把握すべく、それぞれに対応した「現実」「現場」「現物」の三現主義で分析する必要がある。

また、その際の見方としては、「鳥の目」「魚の目」「虫の目」の3つの見方で行う。まず、現状から離れて、自分をあるべき姿に置いて、そこから「鳥の目」で「着眼大局」し、全貌を把握する。次に、世の中の流れの変化する人間の欲求を「魚の目」で嗅ぎ分けて抽出する。そして最後は、「虫の目」で「着手小局」して詳細を把握し、実践するのである。このようにして、現状を取り巻く関係性を正しく把握する。「鳥の目」「魚の目」「虫の目」の3つの見方をすることを、ここでは「三目主義」と呼ぶ。

ポジショニングするとは、三現主義、三目主義により現状を取り巻く関係性を明らかにすることである。

4) 自分軸の設定

あるべき姿の追求と世の中の流れの把握ができたら、次にあるべき姿の中に、自分なりの理想の姿を設定する。そして、自分のポジションから自分なりの理想の姿に向かって自分軸を設定し、実践する。自分軸の設定とは、自分なりの使命感である目的（ミッション）をまず明らかにして、次にその目的の価値を最大に発揮させた理想の姿（ビジョン）を設定することである。そして、その理想の姿を実現させるための手段・内容の検討を行う。検討ステップとしては、まず理想の姿を実現させる各種のアイデア案を抽出し、その中から最適案を選択する。続いて、最適案に対し、競合他社との競争力比較を実施し、時間と空間と相互作用の変化を反映したストーリーを検討して、最終案として戦略的に意思決定する。この手順を説明する。

① 目的（ミッション）の設定＝あるべき姿の目的＋人間の欲求の目的

あるべき姿の中に自分としての目的を設定するためには、2つの観点を合わせて設定することが重要である。

すなわち、人（自分）づくりにおいては、人間の欲求として求めた卓越した技術力、マネジメント力に加えて、あるべき姿の目的である「品性価値」の観点を合わせて設定することが、成功の条件として不可欠である。

また、価値づくりにおいては、自動車へのニーズとして従来からの快適性、利便性、経済合理性という人間の欲求価値に対し、人類の生存にかかわる環境

(公害防止)、エネルギー(燃費低減)、人(人命の安全価値)といった、あるべき姿としての目的を同時に設定したのであった。

そして、物づくりにおいては、世の中の流れの中で人間の欲求であった「安かろう・よかろう」の製品の経済合理性追求に加えて、物づくりとしてのあるべき姿である「ムリ・ムダ・ムラのない環境・資源・エネルギー」の目的を合わせて設定したのであった。

したがって、自分としての目的を設定する場合には、あるべき姿としての目的と世の中の流れである人間の欲求の目的とを合わせて設定しなければならない。

② 理想の姿(ビジョン)の設定＝あるべき姿＋人間の欲求の姿——理想の姿の設定は目的である価値を最大に発揮させた姿を描く

自分としての理想の姿を設定するとは、あるべき姿と人間の欲求との2つの観点を合わせて設定することであり、目的である価値を最大に発揮した姿を描くことであった。そのために、人(自分)づくりにおいては、自分としての理想の姿として人間の煩悩を振り払った品性を向上させた最高道徳を学んだ姿と、人間の欲求である技術力とマネジメント力を最高の形で仕事力として発揮している姿を描いた。

また、価値づくりにおいては、環境・エネルギー・人のあるべき姿として、ポンプレスABSでは「もったいないの精神」で究極の超小型・超軽量の姿を描き、PABシステムでは、人命の安全価値を最大に発揮させた自動ブレーキシステム像を描いた。同時に、人間の欲求の姿として、ポンプレスABSでは、経済合理性である究極の超低価格を、PABシステムでは、先の安全価値に加え、快適利便性価値も最大に発揮させた究極の全自動運転の姿を描いたのであった。

さらに物づくりにおいては、あるべき姿として「ムリ・ムダ・ムラの排除」と、人間の欲求である「安かろう・よかろうの経済合理性」の、両者の理想の姿を追い求めた。具体的には、製品づくりでは機能同一で素材を極限まで最小化させる姿を描き、また生産づくりでは、生産コストをミニマム化させる超高

生産性の全自動高速無人化ラインの姿を描いたのであった。

したがって、理想の姿の設定とは、「あるべき姿と人間の欲求」の2つを合わせて設定することである。そして、その理想の姿を設定するためには、目的である価値を最大に発揮させた姿を描かなければならない。

③ 手段・内容の検討——二刀流制御で原理・原則の追究

人(自分)づくり、価値づくり、物づくりで実施した検討思考プロセスは以下のとおりであった。

- ◆人(自分)づくりの方法：[心]と[頭]、[行動]と[反省]の制御
- ◆価値づくり・物づくり創造思考法：[右脳]と[左脳]の制御
- ◆技術のマネジメント：[正(物理現象)]と[反(物理現象)]の制御
- ◆仕事のマネジメント：[計画]と[実施]の制御、[行動]と[反省]の制御
- ◆戦略のマネジメント：「強みで勝つ戦略」と「弱みで負けない戦略」の制御

「手段・内容」の検討プロセスにおいて、すべてに共通した特徴は、あるべき姿の実現に向かって、「正」と「反」の反対事象を人間が二刀流制御しながら、手段の原理原則を追究するということである。このことは、先に述べた自分軸の設定と実践のステップの概念図において、世の中の流れの現象が「正」と「反」の両事象を繰り返すことから考えれば、人間が対応して制御する「人間特性」「思考」「管理」「戦略」「技術」「仕組み」など、すべての手段・内容の検討ステップは、「正」と「反」の両事象に対応すべく、二刀流制御していかなければならないという必然性からも説明できる。

5) 仕組みの構築

自分軸の設定と実践のステップにおいて、あるべき姿に向かっての流れから大きく逸脱することがないように、歯止めの「仕組み」を構築する必要がある。理想的には、自らの倫理観・道徳観に従った「性善説」だけで運用し、「歯止め」の仕組みを不要とする姿が好ましいが、万が一「性悪説」による最悪の事態が発生した場合は、取り返しがつかない状態になる。しかし、すべてを「性悪説」

として多くの「歯止めの仕組み」で縛りつければ、ただ単に管理コストを増大させるだけでなく、一番大切な人間のモチベーションを大幅に低下させることになる。では、どうすればよいのか？それは、「正」の「性善説」も「反」の「性悪説」も認めたうえで、「運用は性善説」で、「仕組みは性悪説」でと、前述した二刀流制御で使い分けるのである。このようにして、「人間の欲求」を「運用は性善説」、「仕組みは性悪説」として、二刀流制御しながらあるべき姿に向かわせるのである。

しかしながら、「仕組み」では歯止めできない重大な問題がある。それは、「技術の暴走」である。特に、人類社会に大きな影響を与える技術については、技術を暴走させないように、人間の正しい心の判断で技術を制御できる手段が不可欠である。この技術の暴走を止めるためには、技術そのものに「可逆性」を持たせ、人間の正しい心の判断で瞬時に制御可能にすることが必要である。本質的には、「科学技術を学んで、人の役に立つ」という技術者としての技術者倫理の問題として捉えるべきであるが、この「技術の可逆性による制御」という視点は、前述した「正」と「反」の物理現象の制御でもあり、まさしく「技術についての二刀流制御」と考えることができる。

これらのことから、自分軸の設定と実践のステップにおいてあるべき姿に向かっての流れから大きく逸脱させないためには、人（自分）づくりでの「人間の煩悩」に対する歯止め、および価値づくりでの「人間の過度な欲求」に対する歯止め、そして、物づくりでの「ムリ・ムダ・ムラ」に対する歯止めとして、「性悪説に基づく仕組みの構築」が必要である。また仕組みの歯止めが効かない「技術の暴走」に対しては、人間の正しい心の判断で技術を二刀流制御できるように「技術に可逆性をもたせること」が必要である。

(2) 正しい「動機・目的」と正しい「手段・内容」の本質――「不変」と「可変」

ここまで述べてきた自分軸の設定と実践のステップのキーワードの抽出結果について、ステップ全体の核心である正しい「動機・目的」と正しい「手段・内容」の視点から、その本質を述べる。

正しい「動機・目的」とは、あるべき姿である「万物善」を追究した真理に適う「不変」であり、正しい「手段・内容」とは、世の中の流れの現象の「正」と「反」の事象に対応した「可変」の二刀流制御である。このことから、正しい「手段・内容」による二刀流制御だけでなく、正しい「動機・目的」と正しい「手段・内容」についても、「不変」と「可変」の「正」と「反」の反対事象の二刀流制御が必要であることがわかる。この有様は、正しい「動機・目的」を「不変」の心の一刀で念じながら、正しい「手段・内容」を実践すべく両手に二刀を持って、「可変」で修業している三刀流の人間の姿と重なる。

「不変」の正しい「動機・目的」をもってこそ、「可変」の正しい「手段・内容」がわかり、実践できる。また反対に、正しい「手段・内容」である二刀流制御を実践してこそ、はじめて「不変」である正しい「動機・目的」が再確認でき、それに向かって確信をもって進むことができる。つまり、二刀流での「変化適応」を勉強し、試練を乗り越えて自分を磨いてこそ、真の自分の志、使命感としての心の一刀流の極意である「あるべき姿」に早く近づくことができるのである。

8.2　21世紀のものづくり実践ステップの提案──持続可能な成功のステップ

前節で、ものづくりを成功させる条件として、「動機・目的」は「あるべき姿の追究(不変)」とし、「手段・内容」は「二刀流制御による原理・原則の追究(可変)」にすることだと述べた。

本節では、この条件が、一時の成功の条件でなく、成功し続ける持続可能な成功の条件であるかどうかを、自らのものづくり体験と歴史的事実とを比較して考察する。歴史的事実とは、①普遍的に定義された「技術者のあるべき姿」、②家業歴200年以上続いている「企業存続の姿」、③「先人の格言」であり、これらを取り上げることにより、別の角度から検証する。そして結論として、持続可能な成功のステップを、21世紀のものづくり実践ステップとして提案する。

(1) 持続可能な成功の条件を探る

1)「技術者のあるべき姿」の定義から学ぶ

『大辞林』によれば、技術者とは、「科学上の専門的な技術をもち、それを役立たせることを職業とする人」である。また技術とは、「科学の研究成果を生かして人間の生活に役立たせる方法」であり、科学とは、「自然認識を深めるため普遍的真理を求めるもの」と日本大百科全書に書かれている。したがって、技術者としてのあるべき姿としての「動機・目的」は、「世界人類の幸福の実現」であり、「手段・内容」は、「普遍的真理の探究、原理・原則の追究」であると解釈できる。

2)「企業存続の姿」から学ぶ——エノキアン協会

エノキアン協会は、1981年に設立された経済団体で、創業200年以上の歴史をもち、業績も良好な企業だけが加盟を許される老舗企業の国際組織である。日本企業では、718年創業の粟津温泉の温泉旅館の法師、1530年創業の和菓子の虎屋、1637年創業の酒造業の月桂冠、1669年創業の鉄鋼商社の岡谷鋼機、1707年創業の和菓子製造、販売の赤福の5社が加盟を許されている。

なぜ、これらの企業が永続できているのだろうか。法師のホームページには、「代々の伝統と格式を守りながら、新しい時の流れに即したおもてなしでお客様をお迎えします。この年、この月、この日、一期一会の覚悟でお客様に尽くします。この日をご縁に、これから先いつまでも長〜くおつきあい」とある。法師のおもてなしの極意は、「あくまでもお客さまの心をわが心として尽くすこと」にあるといえる。また、岡谷鋼機は、過去から未来へつながる鉄を基幹とした事業の継続と発展を目指している。「伝統の上に安閑と構えてきたわけではない。常に時代の先を読み、築き上げてきたノウハウを武器に、英知を集めて突き進んでいきます。」と述べている。赤福の社是、経営理念は「赤心慶福」であり、「赤子のような、いつわりのないまごころをもって自分や他人の幸せを喜ぶ」という意味が込められている。いずれも「伝統こそ活力」という基本に忠実に、「お客様」や「社会」の変化に合わせて企業の体質を変えており、これが企業永続の条件といえる。

これらのことから、企業が永続的に繁栄する条件は、まず「自分達が築いてきた伝統を通じてお客様や社会の幸福に貢献する」という「動機・目的」と、「お客様や社会の変化に合わせ企業の体質を時代と共に変えていく」という「手段・内容」の実践であることがわかる。つまり、正しい「動機・目的」を「不変」として、正しい「手段・内容」を「変化適応・可変」させるということである。

3)「先人の格言」から学ぶ——不易流行

松尾芭蕉が俳諧の本質を捉えるための理念として提起した言葉に、「不易流行」がある。「不易」とは、時代の新古を超越して不変なるもの、「流行」とは、その時々に応じて変化してゆくものである。すなわち、「不易流行」とは、「守るべきものと変えていくべきものという、相反する2つの価値を矛盾なく併せもつこと」である。芭蕉は、五・七・五のわずか17文字に、基本を守りつつ、絶えず新たな表現を心がけるよう語ったといわれている。このことから、目指すべきあるべき姿の真理である「動機・目的」は「不易」であり、絶えず変化する世の中の流れを制御する「手段・内容」は「流行」といえる。

(2) 21世紀のものづくり実践ステップ

1) ものづくりにおける成功条件と持続可能な成功条件との比較

「技術者のあるべき姿」「企業存続の姿」「先人の格言」から、次のことが明らかになった。

普遍性をもった持続可能な成功の条件は、「お客様や社会の幸福に貢献する」という「不易・不変」の「動機・目的」をもつことと、「お客様や社会の変化に合わせ原理・原則を追究しながら企業の体質を変えていく」という「流行・可変」の「手段・内容」をもつことである。前述したものづくりにおける自分軸のステップの結論でも、正しい「動機・目的」の追究は、「不変」である世界人類の幸福実現を目指すことであったし、正しい「手段・内容」の検討とは、「可変」の二刀流制御による原理・原則の追究であった。

したがって、持続可能な成功の条件とものづくりにおける自分軸のステップ

8.2　21世紀のものづくり実践ステップの提案——持続可能な成功のステップ　175

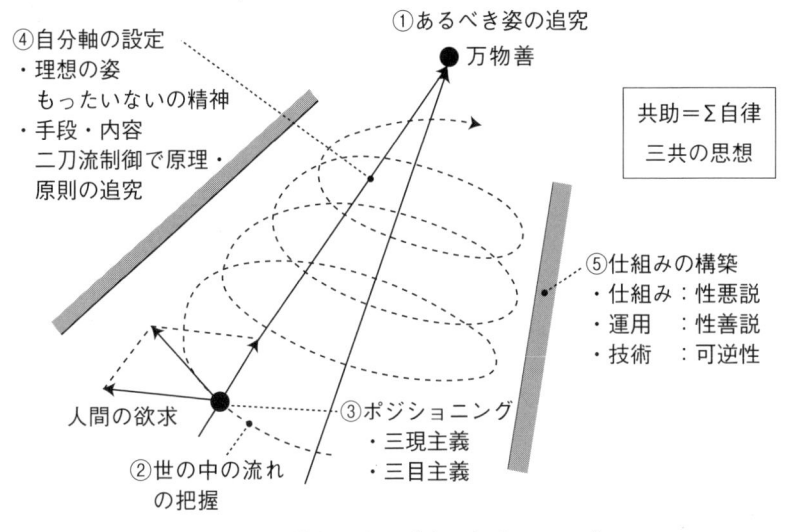

図8.1　図中ラベル：
- ④自分軸の設定
  ・理想の姿
  　もったいないの精神
  ・手段・内容
  　二刀流制御で原理・原則の追究
- ①あるべき姿の追究　万物善
- 共助＝Σ自律　三共の思想
- ⑤仕組みの構築
  ・仕組み：性悪説
  ・運用　：性善説
  ・技術　：可逆性
- 人間の欲求
- ③ポジショニング
  ・三現主義
  ・三目主義
- ②世の中の流れの把握

図 8.1　21 世紀のものづくり実践ステップ

の成功条件とは、一致するのである。すなわち、「ものづくりにおける自分軸の設定と実践のステップ」が、「持続可能な成功を実現する 21 世紀のものづくり実践ステップ(**図 8.1**)」なのである。

2）持続可能な幸福の方程式と 21 世紀のものづくり[23]

持続可能な成功の姿を幸福と定義し、幸福の方程式として表す(**表 8.1**)。

持続可能な成功を幸福と定義すれば、幸福は能力と努力と考え方(あるいは心遣い)の 3 つの積で表される。能力と努力はプラスしかなく、一時の成功は、この 2 つによって実現させることができる。しかしながら、考え方(心遣い)には、プラスとマイナスがあるので、持続可能な成功、すなわち幸福を実現させるためには、この考え方(心遣い)をプラスにする必要がある。したがって、この考え方(心遣い)をプラス、すなわち正しくさせることが、幸福実現の鍵となるのである。

このプラスの考え方(心遣い)とは、因数分解した動機・目的が正しい(プラス)ことと、手段・内容が正しい(プラス)ことの両者である。すなわち、動機・

表 8.1　幸福の方程式

幸福 ＝ ∫成功 ＝ 能力 × 努力 × (考え方・心遣い)
　　　　　　　　　　⊕　　　⊕　　　⊕、⊖
　　　　　＝ 能力 × 努力 × (動機・目的 × 手段・内容)
　　　　　＝ 能力 × 努力 × (モチベーション × イノベーション)
　　　　　＝ 能力 × 努力 × (不易・不変 × 流行・変化適応)
　　　　　＝ 能力 × 努力 × (持続可能な成功のステップ)
　　　　　　　　　　　　　　　　　　∥
　　　　　　　　　　自分軸の設定と実践のステップ

21世紀のものづくり ＝ 人づくり ＋ 価値づくり ＋ 物づくり
　　　　　　　　　　　　　持続可能な　　持続可能な　　持続可能な
　　　　　　　　　　　　　成功のステップ　成功のステップ　成功のステップ

目的であるモチベーションを正しくすると同時に、手段・内容のイノベーションも正しくするということである。そして、「正しい動機・目的」とは、「不易・不変」であり、「正しい手段・内容」とは、「流行・可変」である。この両者を正しくすることを追求したのが、「自分軸の設定と実践のステップ」である。

すなわち、「あるべき姿の追究」のステップとは、「正しい動機・目的」の追求であり、「世の中の流れの把握、ポジショニング、自分の目的、自分の理想の姿、手段・内容案の検討、ストーリー検討、仕組みの構築」のステップとは、まさに、「正しい手段・内容」の追究である。

次に、21世紀のものづくりについて提案する。

21世紀のものづくりで最も重要なことは、「持続可能な成功の条件」である「動機・目的」と「手段・内容」を正しくすることを、「人づくり」「価値づくり」「物づくり」のすべてのステップで実現させることである。すなわち、「人づくり」「価値づくり」「物づくり」のそれぞれを、「小さな持続可能な成功の条件(動機・目的を正しくして、手段・内容を正しくする)」で実践しながら、「ものづくり」として、「大きな持続可能な成功のステップ」に導いていくことが必要となるのである。

そして、この「ものづくり」における「動機・目的」と「手段・内容」を正

しくするためには、まず「自分自身の考え方(心遣い)を正しくする」ことが根本となる。すなわち、「ものづくり」とは「自分づくり」であり、技術者として正しい考え方(心遣い)を追究する「技術者魂の醸成」こそが、21世紀のものづくりのキーワードである「自律」と「共助」を成功させる原点なのである。

8.3　日本流と欧米流の比較

「21世紀のものづくりステップ」の実践に当たり、「これまでの日本流ものづくり」と「欧米流ものづくり」を思想、伝統、文化、風土、習慣、民族性、宗教観などの観点から比較し、考察する。そして、そのうえで、「21世紀のものづくりステップ」実践のための課題を明らかにする。表8.2に、日本流、欧米流の特質比較を示す。

以下、ステップごとに日本流、欧米流を比較して説明する。

(1) 日本流と欧米流の特質比較
1) あるべき姿の追究
日本は「多神教」、欧米は「一神教」の宗教観から、日本では、「環境・資源・エネルギー・人」の"万物善"の姿を自然と受け入れることができるが、欧米では、「人間中心、人間絶対主義」であることから、自然界への尊厳の理解は難しい傾向にある。

もう一つの特徴として、日本は「即物思想」、欧米は「対物思想」の思想観があげられる。そのため、日本では「目に見えない世界」でのあるべき姿、未来像、概念を描くことが不得手である。これに対して欧米では、「目に見えない世界」での理論、システム、ソフトウェアを駆使した未来像、概念を描くことは、自然体で得手としているのである。

2) 世の中の流れの把握
世の中の流れの把握は、本質的に、その原動力となる"人間の欲求"の把握であり、日本も欧米も世界各国も、すべてマズローの5段階欲求説やコヴィー

表 8.2 日本流と欧米流の特質比較

21世紀のものづくり 実践ステップ	キーワード	日本	欧米
①あるべき姿の追究	万物善	多神教 即物思想	一神教 対物思想 理論・システム 概念主義
②世の中の流れの把握	人間の欲求	マズローの5段階欲求説 コヴィーの人間成長過程	
③ポジショニング	三現主義 三目主義	即物思想 [物思考]	対物思想 [システム・概念思考] 概念主義
④目標の設定	もったいないの精神 [本質価値+基本価値+付加価値]	物思考 慈悲寛大 自己反省論 [自罰的]	システム・理論 善悪二元論 [他罰的]
⑤手段・内容の検討	原理・原則の追究 [正と反の2刀流マネジメント]	物づくり 全員参加 継続的な改善	理論・システム 個人・プロジェクト マネジメント 基準化・標準化
⑥ストーリー検討 [1] 競争力比較 [2] 戦略的意思決定	競争相手は5フォース 比較は、結果系+原因系まで 変化適応力 (時間と空間と相互作用) 「勝つ戦略」と「負けない戦略」	曖昧性 農耕民族 情緒共有的 正しさの追求	論理的 狩猟民族 論理的 攻撃性 勝つ追求
⑦仕組みの構築	「運用(性善説) 仕組み(性悪説)」 「技術の暴走」=技術の可逆性	性善説 [自罰的] [慈悲寛大] [自己反省]	性悪説 [他罰的] [善悪二元論]

の人間成長過程に従う。この点については日本と欧米に差はなく、先進国と新興国との間に時間差があるだけである。ミクロ的に見た外部環境の変化としては、政治的要因、経済的要因、社会的要因、技術的要因、市場的要因を考慮する必要がある。

3) ポジショニング

日本流は「即物思想」に由来する「物思考」、すなわち、現場・現物・現実の三現主義(実際)が特徴であり、欧米流は「対物思想」に由来する「システム・概念思考」(理論)が特徴である。

この両者を融合させた虫の目、鳥の目、魚の目により、現状が正しく把握できる。

4) 目標の設定

日本流は「物思考」による理想の姿の極限追究（ムリ・ムダ・ムラの排除）を特徴としている。その代表的な例が、トヨタ生産方式の「ジャストインタイム」である。

これに対して欧米流は、「システム・概念思考」での理論目標へのアプローチが特徴である。その代表的な例が、エリヤフ・ゴールドラットの「TOC理論（制約理論）」である。

目標の設定に当たっては、「理想の個別、理想の単体」と「理論の全体、理論のシステム」との両者を考慮する必要がある。

5) 手段・内容の検討

日本は「物づくり」「全員参加」「継続的な改善」が特徴であり、欧米は「システム・ビジネスモデル・理論づくり」「個人、プロジェクトマネジメント」「基準化・標準化・グローバルデファクト化」が特徴である。21世紀のものづくりを実現させるためには、この両者が必要となる。

6) ストーリー検討（競争力比較、戦略的意思決定）

日本は「農耕民族性」「協調性」「情緒共有的」「精神論」が特質であり、欧米流は「狩猟民族性」「攻撃性」「論理的」「現実論」の特質を有するといわれている。

21世紀のものづくりは、昨今叫ばれている「戦略・戦術の欠如」を脱するように、「囲碁、将棋のプロの世界」と同じように、先を読んだ"論理性の追究"が必須である。

7) 仕組みの構築

日本流の特徴は「慈悲寛大」「自己反省」「自罰的」の精神であり、欧米流の特徴は「善悪二元論」「他罰的」の精神である。したがって、21世紀のものづくりは、日本流の「性善説」で「運用」し、欧米流の「性悪説」による「仕組み」を設け、歯止めをかける必要がある。

(2) これまでの日本流ものづくりの課題

次に「21世紀のものづくりステップ」を実践し、成功させるための「これまでの日本流ものづくり」の課題について考えてみる。

まず、「21世紀のものづくりステップ」の要件について振り返る。持続可能な成功の条件は、正しい「動機・目的」を「不変」、正しい「手段・内容」を「可変」(「正」と「反」の事象を二刀流でマネジメントする)とし、「原理・原則」を追究することであった。

すなわち、正しい「動機・目的」から、「不変」であるためのあるべき姿、未来像、概念を創出する必要があるが、日本の「物思考」の特質から、欧米での理論、システム、ソフトウェアなどの「見えない世界」での概念の議論は、本来不得手である。まして、「全員参加の概念づくり」など、到底考えられない。

したがって、第1の課題は、「どうやって、みんなで概念づくりをしたらよいか」という方法論を考えることである。

次に、「手段・内容」については、「正」と「反」である「日本流」と「欧米流」とを融合させて、二刀流でマネジメントすればよいことになる。

しかしながら、日本においては、世界一の物づくりに代表されるように、「物を対象にした技術」については「直感」と「論理」の繰り返しによる卓越した二刀流マネジメントを発揮できるが、「競争相手との戦略ストーリー」については、日本人の「農耕民族性」「協調性」「曖昧性」の特質から、敵に絶対に勝つという「動機づけ」と、二重、三重の読みを行う「論理性の追究」が不得手であり、結果として、「技術で勝って、事業で負ける」ということが起こりうる。

したがって、第2の課題は、「競争相手との戦略ストーリーとして、動機づけをどう考え、具体的にどうやって論理性の追究を行ったらよいのか」という方法論を考えることである。

8.4　新たな日本流ものづくりの取組み——正しさを追究した動機・目的の"見える化"と手段・内容の"筋道化"

これまでの日本流ものづくりの方法論を図8.2に、本書で提案する新たな日

8.4 新たな日本流ものづくりの取組み　181

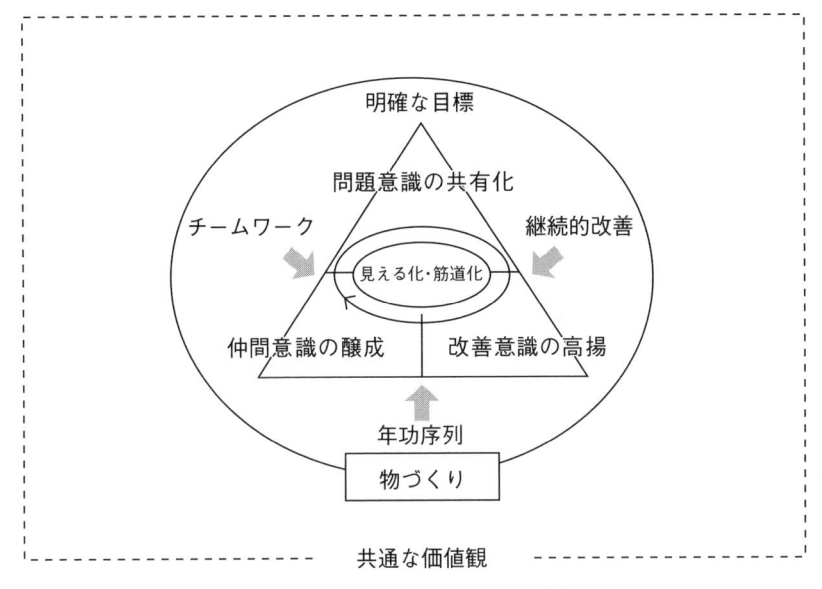

図 8.2　これまでの日本流ものづくり

本流ものづくりの方法論を**図 8.3**に示す。

　図 8.2に示すように、これまでの日本流ものづくりの方法論を支えてきたのは、「手段・内容」である物づくりの"見える化"（現場・現物・現実の三現主義）であった。全員が物を同時に観察し、認識し、意識するところから自然と議論が始まり、「もったいないの精神」に則り、絶え間なく磨かれ、全員の総智総力により、世界最高の物が完成する。また、物づくり技術者、技能者の究極の姿により、人間の五感を通じて物との一体感まで昇華し、無機物である物自身の声まで聴くことができるのである。

　このように、日本の強みとする「自律」と「共助」を両立させ、日本流ものづくりの飛躍的な相乗効果を得るには、"見える化"は必須の方策である。

　もう一つ、これまでの日本流ものづくりの方法論を支えてきたのは、「手段・内容」である技術の"筋道化"（「正」と「反」の二刀流マネジメントによる原理・原則の追究）であった。物としての最高の姿を実現させるために、「右脳（直感）」と「左脳（論理）」の両脳思考を繰り返し、各種アイデアの原理・原則を

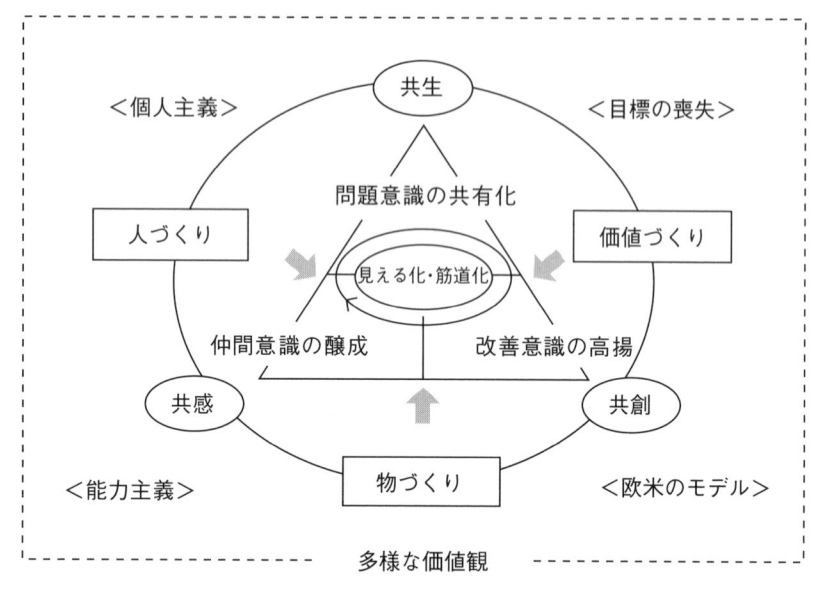

図8.3　新たな日本流ものづくり

追究し、最適案を選択する。まさに、「技術の戦略ストーリー」であった。

ここまで述べた、これまでの日本流ものづくりの本質を再認識したうえで、2つの課題を解決させる新たな日本流ものづくりの方法論について述べる。

図8.3に示すように、まず1つ目の課題である「どうやって、みんなで概念づくりをしたらよいか」は、日本流ものづくりの本質である「見える世界」を意識して、価値を最大に発揮させる概念づくりの検討を"見える化"して実施することである。

すなわち、あるべき姿、未来像、概念を「絵、シーン、物語、モデリング、3Dプリンタ」などの「目に見える世界」にして、概念づくりを検討するのである。「動機・目的」からの概念づくりも、「目に見える世界」で行うと組織で課題の共有化ができる。これにより、次から次へと改善案が出され、概念づくりが理想の姿を求めてどんどん磨かれることは、前章の価値づくり研修で述べたとおりである。

次に、2つ目の課題である「競争相手との戦略ストーリーとして、動機づけ

をどう考え、具体的にどうやって論理性の追究を行ったらよいのか」について述べる。

欧米流では、戦略ストーリーの立案にあたっての「動機・目的」は、狩猟民族の特質から「敵に勝つこと」を第一義としており、そのための「手段・内容」として、「あらゆる環境を想定して生きるか死ぬかの必死の策」を講じる習性が自然と備わっている。

これに対して日本流では、農耕民族の特質から「競争」よりも「協調」の意識が高く、「競争(相手に勝つ)」という同じ土俵では、まともな勝負にはならない。

では、新たな日本流ものづくりのために、どう動機づけすればよいのであろうか。この答えは、「21世紀のものづくりステップ」の根幹である正しい「動機・目的」と、正しい「手段・内容」を求める"正しさの追究"にあると考える。「全身全霊で正しさ(真理)を追究する」と考えれば、日本流の精神としても素直に受け入れることができるであろう。正しさ(真理)を求めるとは、"王道を歩む"ことであり、「王道」とは、「儒教で理想とした、有徳の君主が仁義に基づいて国をおさめる政道」と定義されている(『大辞泉』)。「動機・目的」でいえば「人も、国も、世界人類も、万物も、すべてむだなく生かされている"万物善"の幸せな姿の実現」であり、「手段・内容」でいえば、「どんなやり方をしてでも相手に勝つのではなく、相手を騙さない、相手に騙されない王道の道を選ぶこと」である。

次いで、「具体的な戦略ストーリーとして、どうやって論理性の追究を行ったらよいのか」という「手段・内容」について、さらに説明する。欧米流は、「相手に勝ちきる」ための論理的な戦略ストーリーを必死に検討するが、これまでの日本流は、「相手に勝ちきる」という切迫感に乏しく、結果として、敗退を余儀なくされることが数多くあった。

では、新たな日本流ものづくりを実践するためには、どうやって論理性の追究をしたらよいのであろうか。この答えは、先に述べた物としての正しい姿を追究した技術の"筋道化"(原理・原則での論理性の追究)の方法と同様に、戦

略ストーリーにおいても、王道を追究する"筋道化"（原理・原則での論理性の追究）を検討することである。正しさを追究すれば、自分の良さが発揮でき（結果として勝てる戦略になる）、自分の弱みを補う（結果として負けない戦略になる）二刀流の"筋道化"が見えてくるのである。なお、そのために有効な道具については、前章の価値づくり研修で述べたとおりである。

以上の結論として、「新たな日本流ものづくり」とは、「正しさを追究する王道」に則って、「動機・目的」の"見える化"と、「手段・内容」の"筋道化"の方法論を実践することである。これにより、はじめて次世代TQM活動の「自律」と「共助」が可能となると考える。

8.5 おわりに

今、時代は大きな変革期にある。金融、政治、経済、環境、エネルギーなど、これまでと違った対応が求められている。時代の変化に合わせて自らを変化させなければ、存在そのものが否定される時代でもある。ものづくりについても同様で、社会システムが変われば、技術革新は否応なく進み、企業の興隆と衰退とが現実の世界で繰り返されることになる。

従来の日本流ものづくりの本質を改めて認識し、欧米の特徴である目標設定、方法論を取り入れ、日本流と欧米流を融合させた21世紀の新しい日本流ものづくりを実践する時期に来ていることは明白である。

日本流ものづくりの復権、すなわち、21世紀の新しい日本流ものづくりのために、本書が少しでも参考になれば幸いである。

引用・参考文献

[1] 福田収一、『価値創造学』、丸善株式会社、2005 年
[2] Shoji Shiba, Alan Graham, David Walden：*A NEW AMERICAN TQM*, Productivity Press, 1993
[3] マイケル・L・ダートウゾス、リチャード・K・レスター、ロバート・M・ソロー：『Made in America』、草思社、1990 年
[4] 古畑友三：『現場改善　ムダ取りの基本 4』、埼玉県中小企業振興公社、2009 年
[5] 髙橋朗：「トヨタにおける TQM の意義」、品質月間テキスト No.268、品質月間委員会、1997 年
[6] 川喜田二：『発想法』、中央公論社、1967 年
[7] 髙橋朗：『TQM における温故知新』、品質月間テキスト No.335、品質月間委員会、2005 年
[8] 童門冬二：『上杉鷹山の経営学』、PHP 研究所、1990 年
[9] 今枝誠：「修羅場で掴んだ幸せの方程式」、『致知』2010 年 11 月号、致知出版社
[10] 今枝誠：「心が変わる、すべてが変わる」、『道経塾』No.65、モラロジー研究所、2010 年
[11] スティーブン・R・コビィー著、ジェームス・スキナー、川西茂訳：『7 つの習慣』、キングベアー出版、2000 年
[12] 神田昌典：『全脳思考』、ダイヤモンド社、2009 年
[13] 今枝誠：「デンソーにおける技術者魂の醸成」、『クオリティマネジメント』、vol.59、No.12、日本科学技術連盟
[14] 慈博雄、鈴木孝昌、今枝誠：「新事業・新商品のコンセプトづくりをめざしたデンソーの価値創造型研修」、『工学教育』、第 60 巻、第 3 号、日本工学教育協会、2012 年
[15] 福田収一：『良い製品＝良い商品か？』、工業調査会、2009 年
[16] 水島温夫：『『技術者力』を鍛える　現場からイノベーションを起こすための人材鍛練法』、PHP 研究所、2007 年

[17] 鈴木孝昌、慈博雄、今枝誠：「デンソーにおける MOT 研修の構築」、『工学教育』、56-4、pp.39-42、日本工学教育協会、2008 年
[18] 杉野幹人、内藤純：『コンテキスト思考　論理を超える問題解決の技術』、東洋経済新報社、2009 年
[19] 楠木建：『ストーリーとしての競争戦略』、東洋経済新報社、2010 年
[20] 芦沢誉三：『ビジネスレイヤー別　新規事業開発実践ガイド』、企業研究会、2008 年
[21] 田辺孝二、平岩重治、出川通：『東工大・田辺研究室「他人実現」の発想から』、彩流社企画、2010 年
[22] 今枝誠：「次世代を担うキーパーソンの育成のために」、『クオリティマネジメント』、Vol.61、No.2、日本科学技術連盟、2010 年
[23] 稲盛和夫：『心を高める、経営を伸ばす』、PHP 研究所、2004 年

索　引

【英数字】

0ベース思考　98
1F6W1H法　150
21世紀のものづくり実践ステップ
　　170
5フォース　100
ABS　85
Act　112
CFT　27
Check　112
Cross Functional Team　27
Do　112
ITS　86
KJ法　31
LG電子　10、37
Made in America　23
MI式創造思考法　143
MOT　38
Off-JT　124
OJT　36, 124
PAB　85
PDCA　110
　　──サイクル　26
Plan　110
QCサークル　27
QCストーリー　26
QC発表　26
TQM活動　22
TRC　85
VSC　85
WVモデル　31

W型問題解決モデル　31

【あ行】

維持　24
石川馨　26
イノベーション　21
ヴァスコ・ダ・ガマ　9
上杉鷹山　44
失われた20年　38
売れるものをつくる時代　11
ヴォーゲル、エズラ　8
エノキアン協会　171
大部屋活動　27
オプション思考　151

【か行】

改革　25
改善　24
可逆性　121
価値創造　38
価値づくり　16
可変　171
川喜田二郎　31
管理　24
　　──限界値　25
　　──目標値　25
技術革新　17
技術経営　38
基本価値　95
共感　45
共生　45
共創　45

グローバル企業　43
グローバル競争　34
クロス・ファンクショナル・チーム
　27
継続的改善　22
原則中心　61
構築能力　16
幸福の方程式　173
高齢化社会　11
顧客満足　23
顧客満足度　24
互助　45
コストセンター　37

【さ行】

サムスン電子　10, 37
三共の思想　45
三現主義　94
三助　44
三方善　67
三目主義　165
自助　44
システムインテグレーター　89
持続可能な社会　12
司馬正次　22
渋沢栄一　23
ジャパン・アズ・ナンバーワン　8
シューハート、ウォルター　26
守破離　113
自律　43
進化論　35
人口減少社会　10
人材育成の仕組み　125
人材基盤　43
真理　67

スキルアップ研修　128
筋道化　181
スティーブ・ジョブズ　42
性悪説　76
成果主義　36
生産年齢人口　11
成熟社会　11
性善説　75
全員参加　22
即物思想　177

【た行】

ダーウィン　35
第3の開国　38
大航海の時代　8
対物思想　177
タスクフォース　27
超常識思考技術　148
つくれば売れる時代　5
鉄道の時代　4
デミング、エドワーズ　26
デンソー基本理念　124
デンソースピリット　124
デンソーの目指す技術者像　127
天爵を修めれば而して人爵之に従う
　61
道徳経済合一説　23
道理　67
トゥルース思考　146
ドメスティック企業　43
トヨタ生産方式　8
ドラッカー　23

【な行】

二刀流制御　168

日本的経営　22
日本流ものづくり　22
人間の成長過程　67

【は行】

ハイタレント研修　128
万物善　166
ビジョン思考　146
人づくり　16
品質管理　26
不易流行　172
付加価値　95
扶助　45
不変　171
フレームワーク思考　151
プロジェクト活動　25
プロセスイノベーション　13
プロダクトイノベーション　13
プロフィットセンター　37
本質価値　94

【ま行】

マズローの欲求5段階説　67

マネジメントモデル　32
マルコム・ボルドリッジ国家品質賞　23
見える化　181
ミッション思考　146
メギンソン、L・C　35
目的思考　145
ものづくり　2, 16
物づくり　16

【や行】

ヤング・レポート　22

【ら行】

両脳思考　99
労働力人口　10
ロードマップ　113

【わ行】

和の精神　18

著者紹介

今枝　誠　（いまえだ　まこと）　第4章～第8章　執筆担当

1949年、愛知県に生まれる。
1974年、名古屋工業大学大学院工学研究科機械工学専攻修士課程修了。
同年、日本電装㈱(現　㈱デンソー)に入社。生産技術部工程研究、機能品事業本部機能品企画室、安全走行技術部部長、電気経営企画室室長、電気特定開発室室長を経て、2005年より㈱デンソー技研センターにて、技術研修本部長、取締役、常務取締役、顧問を歴任。
現在、ＭＩ人財開発研究所代表。モチベーションとイノベーションの総合教育のパイオニアとして、企業教育、学校教育、社会教育分野にて、講演会、研修講師、コンサルタント活動を展開中。
第4回(1984年度)精機学会技術賞受賞、2009年クオリティマネジメント賞受賞(日本科学技術連盟)。

古畑　慶次　（こばた　けいじ）　第1章～第3章　執筆担当

1963年、愛知県に生まれる。
1988年、名古屋大学大学院工学研究科博士課程前期課程電子機械工学専攻修了。
同年、日本電装㈱(現　㈱デンソー)に入社。研究開発部、基礎研究所を経て、通信技術部にて携帯電話のソフトウェア開発に従事。2002年よりITS技術部にてナビゲーション開発のプロセス改善、現場改善を推進後、2004年、現職場へ異動。
現在、㈱デンソー技研センター担当課長。ソフトウェア高度技術者育成のための研修構築、講師を務めながら、現場技術者、マネージャーに派生開発プロセス(XDDP)、ソフトウェアエンジニアリング、マネジメント、プロセス改善、論文作成などの指導を行う。産業カウンセラーでもある。
2008年ソフトウェア品質シンポジウム SQiP Effective Award(連名)受賞、2011年第5回世界ソフトウェア品質会議 Best Paper Award 受賞、2013年 SPES2013 ベストプレゼンテーション賞受賞。

デンソーにおける人づくり、価値づくり、物づくり
　　21世紀の新たな日本流ものづくり

2013年9月26日　第1刷発行
2018年1月19日　第4刷発行

　　　　　　　　　　　著　者　今枝　　誠
　　　　　　　　　　　　　　　古畑　慶次
　　　　　　　　　　　発行人　田中　　健

検印
省略

　　　　　　　　発行所　株式会社　日科技連出版社
　　　　　　　　〒151-0051　東京都渋谷区千駄ヶ谷5-15-5
　　　　　　　　DSビル
　　　　　　　　　　電　話　出版　03-5379-1244
　　　　　　　　　　　　　　営業　03-5379-1238

　　　　　　　　　　　印刷・製本　三秀舎

Printed in Japan

Ⓒ Makoto Imaeda, Keiji Kobata 2013　　ISBN 978-4-8171-9490-9
URL　http://www.juse-p.co.jp/

本書の全部または一部を無断で複写複製(コピー)することは、著作権法上での
例外を除き、禁じられています。